Tagebuch Willy Kükenthal

Sybille Bauer
Herausgeberin

Tagebuch Willy Kükenthal

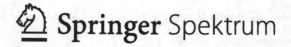

Springer Spektrum

Herausgeberin
Sybille Bauer
Berlin, Deutschland

ISBN 978-3-662-47497-6 ISBN 978-3-662-47498-3 (eBook)
DOI 10.1007/978-3-662-47498-3

Die Deutsche Nationalbibliothek verzeichnet diese Publikation in der Deutschen Nationalbibliografie; detaillierte bibliografische Daten sind im Internet über http://dnb.d-nb.de abrufbar.

Springer Spektrum

Gedruckt auf säurefreiem und chlorfrei gebleichtem Papier.

Springer-Verlag GmbH Berlin Heidelberg ist Teil der Fachverlagsgruppe Springer Science+ Business Media
(www.springer.com)

Vorwort

Willy Kükenthal führte vom 26. April bis zum 3. September 1886 ein wissenschaftliches Tagebuch, in dem er festhielt, was er auf seiner Fahrt mit dem Walfänger „Hvidfisken" nach Spitzbergen erlebte und beobachtete.

Das Tagebuch fand sich 2009 im Nachlass von Kükenthals Tochter Charlotte (1891–1976).

Mein herzlicher Dank gilt der Erbin Christine Michaelis, die es mir 2009 zur Bearbeitung überließ.

Der Transkription des Textes boten sich einige Schwierigkeiten, da Kükenthal oft durchstreicht oder über die Zeile schreibt und außerdem öfter unvermittelt ins Norwegische wechselt.

Prof. Dr. Siegfried Lewark und Prof. Dr. Helga Michalsky, die so manches Wort entschlüsselten, das sich der Transkription zunächst hartnäckig verweigert hatte, danke ich für ihre Unterstützung.

Bei der Entzifferung chemischer Fachbegriffe halfen mir Prof. Dr. Walter Michaelis und Dr. Johannes Teichert, bei der zoologischer Dr. Colemann vom Museum für Naturkunde in Berlin. Roger Willy Hagerup vom Norsk Polarinstitutt in Tromsö unterstützte mich, indem er die Karte von Spitzbergen bereitstellte. Allen Genannten bin ich dankbar.

Für die Publikation des Tagebuchs war Arbeit in verschiedenen Archiven notwendig, so in der Historischen Arbeitstelle des Museums für Naturkunde in Berlin, die Kükenthals handschriftlichen Nachlass sowie seine Zeichnungen und Photographien verwaltet. Hier wurde ich hilfreich von Dr. Sabine Hackethal und

Dr. Hannelore Landsberg unterstützt. Das Ernst-Haeckel-Haus in Jena besitzt Kükenthals Briefe an Haeckel; Dr. Thomas Bach ermöglichte mir die Arbeit dort. Im Archiv der Friedrich-Schiller-Universität in Jena wurden mir von Frau Margit Hartleb alle mit Kükenthal in Verbindung stehenden Akten vorgelegt und in der Historischen Bibliothek des Museums für Naturkunde in Berlin stellte mir Herr Hans-Ulrich Raake die gewünschte Literatur bereit. Ihnen allen gilt mein Dank.

Bedanken möchte ich mich auch bei Frau Stefanie Wolf, die im Springer Verlag Heidelberg meine Arbeit an der Publikation mit großem Verständnis begleitet hat.

Nach Abschluss meiner Arbeit werde ich das Tagebuch der Historischen Arbeitsstelle des Museums für Naturkunde in Berlin übergeben.

Berlin, im April 2015 Dr. Sybille Bauer

Abkürzungen, Zeichen, Erläuterungen

Abkürzungen

dial.:	in Dialekt
ebd.:	eben da
EHH:	Ernst-Haeckel-Haus
HA:	Historische Arbeitsstelle des MfN
HBSB:	Historische Bild- und Schriftgutsammlungen im MfN
MfN:	Museum für Naturkunde Berlin
Norw.:	Norwegisch
Tb:	Tagebuch von Willy Kükenthal aus dem Jahr 1886
UAJ:	Universitätsarchiv Jena
zool. Mus.:	Zoologisches Museum Berlin

Zeichen in der Transkription

[. . .]	im Tb durchgestrichen
/. . ./	im Tb über die Zeile geschrieben
-unl.-	nicht entzifferbar

Erläuterungen zur Transkription

Die Datumsangaben des Tagebuchs sind im Druck hervorgehoben. Zeilenumbruch und Seitenumbruch des Tagebuchs sind nicht beibehalten. Das Tagebuch enthält 12 Zeichnungen. Sie werden in Kopie wiedergegeben, ebenso eine Liste der wissenschaftlichen Utensilien, die Kükenthal mitnimmt, einige Abschnitte aus dem Text und die Aufzeichnungen der metereologischen Messungen.

Der Wechsel zwischen deutscher Kurrentschrift für den fortlaufenden Text und lateinischer Schrift für Listen und die meisten Fachtermini ist in der Transkription nicht gekennzeichnet.

Historische Orthographie und Zeichensetzung des Tagebuchs sind beibehalten. Das gilt auch für alle Inkonsistenzen der Orthographie, zum Beispiel: Bottlenos (Tb, 29. April), Bottlenoos (Tb, 30. April), Buttlenos (Tb, 20. Juli); meilenweite (Tb, 5. August), meilen weit (Tb, 26. August), Brod (Tb, 6. August), Brot (Tb, 6. August). Komposita aus zwei Substantiven werden von Kükenthal zusammen oder getrennt geschrieben, zum Beispiel: Eismassen (Tb, 6. August), Eis massen (Tb, 15. August). Die Transkription behält alle Trennungen bei, ohne dass unterschieden werden kann, ob nur die Feder neu angesetzt wurde oder ob eine Getrenntschreibung beabsichtigt war.

Bei Zeilenumbrüchen setzt Kükenthal manchmal Trennungsstriche, zum Beispiel: ein-geschliffenem, heraus-klopften (Tb, 6. August). Oft aber setzt er keine, zum Beispiel: Mann schaft (Tb, 6. August). Wo diese Trennungsstriche nicht gesetzt sind, ist das Wort auch dann getrennt transkribiert, wenn der zweite Bestandteil nur eine Silbe ist. Zusammenschreibungen, die offensichtlich aus Versehen oder aufgrund hohen Seegangs geschrieben wurden, sind nicht korrigiert, zum Beispiel: Abendwurde (Tb, 17. Juli). Abkürzungen sind nicht aufgelöst.

Die teilweise heute nicht mehr gebräuchliche Orthographie zoologischer Fachtermini ist beibehalten. Sie wurde bei der Transkription mittels verschiedener Publikationen Kükenthals, der *Grundzüge der Zoologie* von Claus und mittels des *Index Animalium* überprüft (s. Literaturliste).

Geographische Angaben werden im Tagebuch häufig, aber nicht immer, auf Norwegisch angegeben. Bei norwegischer Angabe ist in einer Fußnote die heutige norwegische Bezeichnung vermerkt, wie sie auf der am Schluss dieser Edition abgedruckten Karte des *Norsk Polarinstitutt* erscheint, sofern sie sich von Kükenthals Schreibung unterscheidet. Kommt die Angabe bei einer späteren Eintragung erneut vor, wird auf die Fußnote verwiesen.

Norwegische Wörter sind im Tagebuch oft nach Gehör geschrieben, in einer Fußnote wird jeweils die heutige norwegische Schreibweise angegeben und das Wort wird übersetzt. Kommt das Wort erneut vor, wird auf die Fußnote verwiesen. Ein Register der norwegischen Wörter gibt die Nummer der Fußnote an, in der das Wort übersetzt ist. Damit der Fußnotenapparat nicht unnötig umfangreich wird, werden norwegische Wörter, die im Tagebuch mehr als dreimal, vorkommen, in der folgenden Liste aufgeführt und übersetzt.

Liste der häufig im Tagebuch gebrauchten norwegischen Wörter

historische Orthographie des Tagebuchs	Schreibweise in heutigem Norwegisch	Bedeutung	Zoologische Bezeichnung nach Kükenthal, 1886 und 1888
dun	dun	Daunen	
Edderfugl (dän.)	ærfugl	Eiderente	
elv	elv	Fluss	

historische Orthographie des Tagebuchs	Schreibweise in heutigem Norwegisch	Bedeutung	Zoologische Bezeichnung nach Kükenthal, 1886 und 1888
Fangsboot	fangstbåt	Walfangboot, Robbenfangboot	
Fjeld	fjell	Berg, Gebirge	
goos	gås	Gans	
hvidfisk	hvitfisk, hvithval	Weißwal, Beluga	*Beluga leucas*
Ho Kjaerring, Hokjaerring, Høkjaerring, Hakjaerring	håkjerring	Eishai, Grönlandshai	*Scymnus borealis* *Scymnus microcephalus*
jager	jager	vorderstes Vorsegel	
klapmus, Klapmus, Klapmuss, Klapnuss	klappmyss	Klappmütze, Mützenrobbe	
kuling	kuling	starker Wind	
Mudder	mudder	Schlamm	
odde	odde	Landspitze	
orkastnot	orkastnot	not: Schleppnetz, Zugnetz; orkastnot: kleines Schleppnetz, mit dem Fisch herausgeholt und auf Fischfrachter verladen wird	
potet	potet	Kartoffel	
scrape	scrape	Kratzeisen, Scharreisen	

historische Orthographie des Tagebuchs	Schreibweise in heutigem Norwegisch	Bedeutung	Zoologische Bezeichnung nach Kükenthal, 1886 und 1888
skipper	skipper	Schiffer	
smaa koppe, Smaa Koppe	små kobbe	Kleine Robbe	
snarte		Sattelrobbe,	*Phoca groenlandica*
storkoppe	storkobbe	Bartrobbe, dial. für Kegelrobbe	*Phoca barbata*
storsejl	storseil	Großsegel	
tilkois	tilkøys	zu Bett	

Inhaltsverzeichnis

Einleitung

Im Frühjahr 1886 bricht der vierundzwanzigjährige Zoologe Dr. Willy Kükenthal von Jena nach Tromsö auf, um sich dort für ein halbes Jahr auf das kleine Walfangschiff „Hvidfisken“ zu begeben. Er möchte auf der Fahrt nach Spitzbergen[1] Material für seine weitere Forschung sammeln.

Kükenthal studiert 1880–1882 Mineralogie und Paläontologie in München, dann 1882–1884 Zoologie in Jena. 1884 promoviert er bei Ernst Haeckel. In seinem Lebenslauf, der dem Dekanat vor der mündlichen Prüfung einzureichen ist, teilt er mit: „Nach einem dreisemestrigen Studium in Jena hoffe ich den gestellten Anforderungen an eine Promotion in der hohen philosophischen Facultät genügen zu können.“[2] Seine Dissertation trägt den Titel: *Über die lymphoiden Zellen der Anneliden.*

Im Anschluss an seine Promotion arbeitet er ein Jahr an der Zoologischen Station in Neapel. Erste Forschungserfahrung mit der Fauna des Nordatlantiks sammelt er zusammen mit seinem Kollegen Bernhard Weißenborn bei einem Aufenthalt in Westnorwegen, und zwar in Alverstrømmen, im Jahr 1885.

Norwegisch beherrscht Kükenthal schon vor Antritt der Fahrt von 1886. Das lässt sich aus einem Brief vom 12. September 1885 aus Alverstrømmen an Ernst Haeckel schließen. Kükenthal beschreibt darin, dass Bernhard Weißenborn und er sich bei einem

[1] Heute Svalbard.
[2] UAJ, Bestand M, No 478, Bl. 81.

S. Bauer (Hrsg.), *Tagebuch Willy Kükenthal*, DOI 10.1007/978-3-662-47498-3_1

Landhändler Rasmussen[3] einquartiert hätten und mit Hilfe eines alten Fischers die besten Sammelplätze für Meeresfauna fänden. Eine Verständigung mit den in dem Brief genannten Personen ist nur auf Norwegisch vorstellbar. Welches Norwegisch Kükenthal gesprochen hat, ist nicht festzustellen. Da er es vermutlich in Alverstrømmen gelernt hat, handelt es sich wohl um einen westnorwegischen Dialekt. Ein Hinweis auf seine Sprachkenntnisse findet sich auch in dem Nachruf, den sein Fachkollege Hjalmar Broch 1922 in der Zeitschrift *Naturen* auf Kükenthal schreibt: „han hadde let for sprog og talte snart norsk utmerket."[4] Broch fällt dieses Urteil sicher nach persönlichem Erleben, jedenfalls war er Mitarbeiter an dem von Kükenthal begründeten *Handbuch der Zoologie.*[5]

1887 habilitiert Kükenthal sich mit einer Arbeit *Über das Nervensystem der Opheliaceen,*[6] ist aber schon 1889 wieder auf Reisen, dieses Mal nach Ostspitzbergen. Seine Forschung dort führt er trotz eines Schiffbruchs zu Ende. Die Fahrten nach Spitzbergen mit Walross- und Walfängern sollten nicht Kükenthals einzige Aufsehen erregende Forschungsreisen bleiben. 1893–1894 bereist er ein Jahr lang den Malaiischen Archipel und bringt im Auftrag der „Senckenbergischen Naturforschenden Gesellschaft" zoologische Präparate insbesondere von den Molukken mit. Als einer der ersten Europäer erkundet er die Insel Halmahera.

1898 nimmt er einen Ruf an die Universität Breslau an, wo er zwanzig Jahre lang den Lehrstuhl für Zoologie bekleidet und

---

[3] Im Tagebuch äußert sich Kükenthal sehr kritisch über Norweger und ihren angeblichen Charakter (Tb, 21. August). In diesem Zusammenhang erwähnt er als positives Gegenbeispiel einen Norweger namens Rasmussen.

[4] Übersetzung: Er tat sich leicht mit Sprachen und sprach bald ausgezeichnet Norwegisch. Nachruf: *Naturen*, 1922, S. 321–324.

[5] *Handbuch der Zoologie: Eine Naturgeschichte der Stämme des Tierreiches.* Begründet von Willy Kükenthal, hg. von Thilo Krumbach, Berlin, de Gruyter, Erscheinungsbeginn 1923. Beiträge von Hjalmar Broch, s. Bd. 1, *Protozoa, Porifera, Coelenterata, Mesozoa,* S. 421–484.

[6] UAJ, Bestand BA, Nr. 461, Bl. 41v.

das zoologische Museum aufbaut. Auch in die Breslauer Zeit fallen wichtige Forschungsreisen, nach Westindien, Norwegen und Korsika. 1918 wird er nach Berlin an die Friedrich-Wilhelms-Universität[7] berufen. Mit dem von ihm bekleideten Lehrstuhl ist das Amt des Direktors des Museums für Naturkunde in Berlin verbunden.

Von Kükenthals erster Reise nach Spitzbergen ist ein Tagebuch erhalten, das er vom 26. April bis zum 3. September 1886 auf dem Schiff führt. Aus Dokumenten im Familienbesitz geht hervor, dass Kükenthal auch mindestens bei einer späteren Reise, nämlich der in den Malaiischen Archipel 1893–1894, Tagebücher geschrieben hat. So teilt er in verschiedenen Briefen an seine Frau mit, welche Eintragungen er darin vornimmt, und kündigt an „ich werde es Dir später in meinem Tagebuch zu lesen geben (ich habe allein von dieser kurzen Reise[8] 1½ Bücher vollgeschrieben."[9] Erhalten sind von diesen Unterlagen im Familienbesitz aber nur 34 Briefe aus den Jahren 1893–1894 und das von Kükenthal mit der Zahl XV nummerierte Tagebuch seiner Reise von Singapur nach Sarawak und seinem dortigen mehrwöchigen Aufenthalt. Die anderen Tagebücher finden sich nicht in den dafür in Frage kommenden Archiven der Universität Jena, der „Senckenbergischen Naturforschenden Gesellschaft" in Frankfurt, der Universität Breslau und des Museums für Naturkunde in Berlin. Sie sind vermutlich verschollen.

Das 1886 geschriebene Tagebuch, das in dieser Edition transkribiert erscheint, schreibt Kükenthal in ein leinengebundenes Notizbuch mit liniertem Papier von einfacher Qualität. Es hat das Format 12,5 mal 19,5 cm. Die 273 nicht paginierten Seiten sind randlos, fortlaufend und ohne Absätze beschrieben, lediglich das Datum der jeweiligen Eintragung wird links an den Beginn

[7] Heute Humboldt-Universität.
[8] Gemeint ist eine zweiwöchige Erkundung der Insel Halmahera.
[9] Ternate, 13. Februar 1894, an Margarete Kükenthal.

einer neuen Zeile gesetzt. Kükenthal schreibt die chronologischen Eintragungen in deutscher Kurrentschrift, Listen sind immer in lateinischer Schrift gehalten, Fachtermini häufig ebenfalls, aber nicht immer.

Der oft sehr hohe Seegang hat naturgemäß starken Einfluss auf das Schriftbild (Tb, 16. Mai). Häufiges Durchstreichen und über die Zeile geschriebene Ergänzungen kennzeichnen das Schriftbild ebenfalls und weisen möglicherweise auf Eile bei den Eintragungen hin.

Das Tagebuch ist in drei Teile gegliedert. Nach dem Titelblatt folgt eine fünfseitige, eng und in kleiner lateinischer Schrift geschriebene Liste der Dinge, die von Kükenthal auf die Expedition mitgenommen werden. Für die wissenschaftliche Arbeit werden unter dem Begriff „Utensilien" 46 einzelne Gegenstände aufgeführt (siehe Abbildung 2). Viele von ihnen werden im Tagebuch in späteren Berichten über seine Arbeit beim Sammeln und Konservieren wieder erwähnt.

Ebenso minutiös werden anschließend 116 Gegenstände des persönlichen Gebrauchs aufgeführt, wie Kleidung, Nahrungsmittel, Hygieneartikel und zwei Bände Fachliteratur. Die Gegenstände sind in Listen erfasst, die vier verschiedenen Gepäckstücken zugeordnet sind. Ferner ist vermerkt, welche weiteren Ausrüstungsgegenstände noch in Bergen und Tromsö erworben werden müssen, was bereits bezahlt ist, und wofür Zoll zu entrichten ist. Die Listen vermitteln einen Eindruck von der Präzision, mit der die Reise vorbereitet wird. An keiner Stelle wird später im Tagebuch erwähnt, dass etwas vergessen worden wäre oder dass Kükenthal für seine Arbeit und das harte Leben in den nördlichen Breiten etwas fehlte.

Das große Organisationstalent, das auch Kükenthals spätere Arbeit in Jena, Breslau, auf seinen weiteren Forschungsreisen und in Berlin kennzeichnet, deutet sich bereits in diesen Listen an.

Im Tagebuch folgen 251 Seiten chronologischer Eintragungen, die gleichzeitig auch das Itinerar Kükenthals abbilden. Sie sind keineswegs einem Thema zuzuordnen, etwa seinen zoologischen Beobachtungen. Vielmehr geht es darüber hinaus um klimatische Daten, geographische Beschreibungen, Schilderungen des Alltags, Begegnungen mit Menschen, Überlegungen zu Politik und Wissenschaft und um das Erfassen der Sammelergebnisse. Befürchtungen in Bezug auf ökologische Probleme Spitzbergens finden sich expressis verbis.

Die Eintragungen sind von sehr unterschiedlicher Länge. An manchen Tagen werden nur wenige Stichworte zum Wetter notiert (Tb, 28. Mai, 3. Juni), an anderen Tagen längere Berichte, wie die sieben Seiten lange Schilderung einer Renjagd an der Colesbukta (Tb, 1. Juli) und ein 33 Seiten langer Bericht über Nachforschungen im Nordfjorden, Billefjorden und Sassenfjorden (Tb, 6. August).

Eröffnet werden die chronologischen Eintragungen mit einer ausführlichen Beschreibung des Segelschiffes „Hvidfisken“ (Tb, 28. und 29. April). Sie lässt einen heutigen Leser ahnen, unter welchen persönlichen Umständen die zoologischen Ergebnisse dieser Reise gewonnen werden. Besonders deutlich werden diese am Ende der Reise geschildert (Tb, 26. Juli). In Bezug auf die Eisverhältnisse ist das Jahr 1886 nach Kükenthals Schilderung (Tb, 18. August) ein für die Schifffahrt besonders ungünstiges Jahr, da die Westküste Spitzbergens trotz des vorgerückten Sommers noch von Eis blockiert sei. Es gelingt daher dem Kapitän des „Hvidfisken“ zunächst nicht, eine Öffnung im Eis zu finden – eine Voraussetzung für die Rückreise. Für eine Überwinterung aber ist „Hvidfisken“ in keiner Weise ausgerüstet.

Zu den Berichten über persönliche Lebenumstände gehören auch solche über das Essen, (Tb, 12. Mai, 21. August) sowie über die Mannschaft (Tb, 7. Mai und sehr ausführlich 21. August). Sie zeigen, dass Kükenthal sich mit diesen offenbar doch recht rauen und einfachen Seeleuten gut versteht. Dies ist sicher auch darauf zurückzuführen, dass er sich an den Arbeiten auf dem Schiff regelmäßig beteiligt. Günstig dürfte sich auch ausgewirkt haben, dass er nicht die Absicht hat, an dem zu erwartenden Fang beteiligt zu werden. Mitglieder der Mannschaft helfen ihm regelmäßig mit dem Kratzeisen, norwegisch *skrape,* mit dem kleine und kleinste Meerestiere in verschiedenen Tiefen gesammelt werden. Ebenso sind sie beim Konservieren behilflich (Tb, 5. Mai, 29. Juni sowie Übersicht am Ende des Tagebuchs). In seinem Bericht für die Geographische Gesellschaft in Bremen aus dem Jahr 1888 wird Kükenthal die Mannschaft „meine Kameraden“[10] nennen. Dem Kapitän, Morten Ingebrichtsen, versichert er seine „dauernde Freundschaft.“[11]

Nichtsdestotrotz: Kükenthal ist auch ein Kind seiner Zeit. Die damals übliche, heute irritierende mangelnde Wertschätzung der sogenannten Lappen[12] teilt er. Deutlich wird dies zum Beispiel in der drastischen Charakteristik des Harpuniers Nils (Tb, 21. August).

In den chronologischen Eintragungen werden die Fangmethoden vorgestellt, mit denen Wale zweier Arten gejagt werden, *Hyperoodon rostratus* und *Delphinapterus leucas*. Während der Reise auf dem offenen Meer werden einzelne im Tagebuch als Bottlenos bezeichnete Wale harpuniert, an das Schiff angekettet und dann abgespeckt, wobei im Tagebuch vermerkt wird, welche Teile des Wales der Zoologe für seine Arbeit präpariert und konserviert. Nach der Ankunft in Spitzbergen im Juni wird im flacheren Wasser der Fjorde und Flussmündungen der Weißwal mittels eines großen Netzes in ganzen Herden gefangen und nahezu unbeweglich gemacht. Dann werden die Wale im Wasser geschlachtet. Der erste Fang eines Bottlenos wird am 3. Mai beschrieben (siehe auch Abbildung 3.1–3.3), am 5. Mai das Herauspräparieren eines Walgehirns. Das Einfangen und Abspecken von Walen, das Präparieren und Konservieren von Walembryonen und Walgehir-

---

[10] Kükenthal, 1888, S. 2.
[11] Ebd., S. 3.
[12] Heute Sami.

nen sind wiederkehrende Themen des Tagebuchs (u. a. Tb, 13., 18. August). Deutlich wird in diesen Schilderungen auch, dass die Umstände des Walfangs auf dem offenen Meer den Forscher und die Mannschaft regelmäßig in Lebensgefahr bringen. Hierzu ist die Eintragung zum 13. Mai (siehe auch Abb. 5.1–5.2) besonders aufschlussreich. Fang und Schlachtung von Weißwalen sind das Thema der Eintragung vom 11. August (siehe auch Abb. 13.1–13.3).

Regelmäßig wird im Tagebuch über die Arbeit mit dem Kratzeisen berichtet, (Tb, 23., 31. Juli, 3. August und Übersichtsliste am Ende). Dass Kükenthal auch unter schwierigen Bedingungen technische Lösungen findet, zeigt seine Beschreibung, wie er das Kratzeisen in 160 Meter Tiefe durch eine große Eisscholle vorwärtsziehen lässt (Tb, 28. Juni, 31. Juli).[13] Die Ergebnisse des Sammelns werden verzeichnet (u. a. Tb, 29. Juni, 31. Juli). Unsicherheiten in der Nomenklatur werden im Tagebuch durch Fragezeichen gekennzeichnet. Manche Tiere werden in kleinen Zeichnungen abgebildet, die in den fortlaufenden Text eingefügt sind (Tb, 29. Juni, siehe auch Abbildung 7).

Einen Gesamtüberblick über seine Sammelergebnisse trägt Kükenthal am 20. August in das Tagebuch ein. Unter diesem Datum findet sich auch ein Exkurs darüber, was Kükenthal während des Aufenthaltes in Spitzbergen an Verhaltensweisen von *Delphinapterus leucas* beobachtet und was er von den Walfängern erfährt.

Bei dieser Fahrt nach Spitzbergen begründet Kükenthal seine Sammlung von Walembryonen: „3 Fische ist nun herzlich wenig aber doch ein Anfang“ (Tb, 6. August). Nach Kükenthals Tod im Jahr 1922 wird der stellvertretende Direktor des Zoologischen Museums der Universität Berlin, Tornier, die Sammlung so beschreiben: „Ferner hinterliess Herr Kükenthal eine einzigartige, nirgend sonst in der Welt in der Art vorhandene, von ihm selbst in

[13] Zu dieser Technik s. Römer und Schaudinn, Bd. 1, 1900, S. 136.

den arktischen Meeren auf Walfischfängern zusammengebrachte Sammlung von Walfischembryonen."[14]

Das Tagebuch weist auch auf die bereits sichtbaren Folgen allzu intensiver Jagd hin. Das Walross ziehe sich immer weiter nach Norden zurück, wohin ihm die Jäger aufgrund unüberwindlichen Eises nicht folgen könnten, wird am 20. Juli berichtet. Am 23. August reflektiert Kükenthal darüber, dass immer weniger Weißwale in Spitzbergen gesichtet würden. Er führt dies auf nicht nachhaltige Jagd zurück.

Die Jagd auf Rene, Gänse, Enten, Teiste und Robben nach der Ankunft in Spitzbergen wird als ein wichtiges Mittel geschildert, den Nahrungsmittelvorrat der Besatzung des „Hvidfisken" zu ergänzen (Tb, 26. Juli, 29. Juli). Vogeleier werden gesammelt (Tb, 30. Juni, 1. Juli). In flacherem Wasser wird geangelt (Tb, 1. Juli). Vom 5. August an unternimmt Kükenthal zusammen mit dem Harpunier und zwei weiteren Mitgliedern der Mannschaft eine Erkundungsfahrt im Ruderboot. Im Auftrag des Kapitäns suchen sie in den Nebenfjorden des Isfjorden, Nordfjorden, Billefjorden und Sassenfjorden (siehe Karte), nach den Herden von *Delphinapterus leucas,* die sich für gewöhnlich zu dieser Jahreszeit in den Fjorden von Westspitzbergen aufhalten. Diese Exkursion gibt Kükenthal Gelegenheit zu ausführlichen Schilderungen der Landschaft, zu mineralogischen Hinweisen und zu Korrekturen der Karte des Nordfjorden von Dunér und Nordenskjöld (Tb, 6. August, siehe auch Abb. 12). Ferner sucht er bei dieser Gelegenheit das Expeditionshaus auf, das Adolf Erik Nordenskjöld bei seiner Spitzbergenexpedition von 1872/73 errichten ließ, und erzählt ausführlich die Geschichte der dort umgekommenen Mannschaft. Eine Quellenangabe dazu findet sich im Tagebuch nicht.

Unterbrochen werden die chronologischen Eintragungen durch zwei Exkurse: „Etwas über Eisverhältnisse" (Tb, 18. August) und „Biologisches über Beluga leucas" (Tb, 20. August).

---

[14] MfN HBSB, Bestand: Zool. Mus., Signatur: SIII, Nachl. Kükenthal, W., Tornier, G., Blatt 1.

Welche Kenntnisse über Wale Kükenthal vor Antritt der Fahrt hatte, kann nur vermutet werden. Bekannt aus der dem Tagebuch vorangestellten Liste ist, welche zoologische Literatur er 1886 mit auf die Reise nimmt. In seinem Reisegepäck hat Kükenthal 1886 das *Lehrbuch der Zoologie* von C. Claus, und zwar entweder die erste Auflage aus dem Jahr 1872 oder eine der umgearbeiteten Auflagen von 1876 und 1883. Am 19. Mai und 20. Juni erwähnt er im Tagebuch seine Arbeit mit diesem Lehrbuch. In der ersten Auflage ist der Abschnitt über „Die 4. Ordnung, Cetacea, Walfische" fünf Seiten lang[15] und ist entsprechend seiner Kürze allgemein gehalten. Die von Kükenthal 1886 beobachteten Walarten werden nur kurz in der „1. Unterordnung: **Cetacea carnivora, echte Walfische.**"[16] erwähnt. Themen der Vorlesungen, die Kükenthal 1882–1884 bei Haeckel gehört haben kann, lauten „Zoologie I (Allgemeine Morphologie und Physiologie, Entwicklungslehre)" und „Zoologie II (Stammesgeschichte und System des Tierreichs)."[17]

Im hinteren Teil des Notizbuchs, nach 94 nicht beschriebenen Seiten, finden sich mehrere Tabellen und Listen. In der ersten sind meteorologischen Daten für den Zeitraum vom 29. April bis zum 30. Juni 1886 verzeichnet, die Kükenthal und der Harpunier alle vier Stunden erheben (siehe Abb. 15.1–15.7). „Hvidfisken" segelt am 29. April laut den Eintragungen von der Position 70°26′ nördlicher Breite bei 17° westlicher Länge ab. Am 23. Juni erreicht Kükenthal an der Mündung des Isfjorden „unter Land" die nördlichste Breite seiner Reise mit 78°65′ bei 14°30′ westlicher Länge. Vom 26. bis zum 31. August werden entsprechende Messungen im Isfjorden, am 1. und 2. September bei der Rückreise auf zwei weiteren Seiten verzeichnet. Außer Datum, Uhrzeit, geographischer Breite und Länge werden Luftdruck, Lufttempe-

[15] Claus, 1872, S. 811–815.
[16] Claus, 1876, S. 1145–1147.
[17] Uschmann, 1959, S. 199.

ratur, Wassertemperatur, Windrichtung und Windstärke (diese nach der Beaufort-Skala, aber vereinfacht auf sechs Stufen) sowie Beobachtungen zu Bewölkung, Niederschlag und Seegang verzeichnet. Den Niederschlag verzeichnet er in sechs verschiedenen Stufen, den Seegang in neun. Letztere sind durchgehend in Norwegisch verzeichnet.

Eine zweite Liste von Daten zeigt, wer von der Mannschaft ihm an welchem Tag bei der Arbeit mit dem Kratzeisen geholfen hat. In der dritten Liste vermerkt er, an wen von der Mannschaft er offenbar am Ende der Reise Gegenstände abgetreten hat und wie viel die einzelnen dafür bezahlt haben. Eine vierte Liste verzeichnet 93 Ausfahrten mit der *skrape* mit dem jeweiligen Datum, der vorgefundenen Beschaffenheit des Meeresbodens sowie der Meerestiefe und bei den meisten auch die Namen der gesammelten Tiere. Eine fünfte, ganz kurze Liste wird vermutlich erst nach der Reise eingetragen und bezieht sich auf 21 von Kükenthals Tuben, die er wohl an einen Kollegen zur Untersuchung weitergegeben hat.

Trotz der Vielzahl von Themen, die im Tagebuch aufgegriffen werden, weist der Text nicht auf ein Forschungsprogramm enzyklopädischer Art hin. Als Schwerpunkt, den der Verfasser offensichtlich setzen will, zeigt sich die Fauna des Nordpolarmeeres, insbesondere die Wale.

Kükenthal hat offenbar nicht die Absicht, das Tagebuch zu veröffentlichen. Grundsätzliche Überlegungen über den Zweck der Niederschrift, die später in ein Vorwort hätten umgestaltet werden können, fehlen. Auch inhaltlich spricht vieles dagegen. So lässt er seinen Gedanken recht freien Lauf. Es finden sich freimütige, mit viel Humor kommentierte Urteile über die Mannschaft des Schiffes – beispielsweise, dass diese sich während der Fahrt nicht wäscht (Tb, 29. Mai). Den Koch bezeichnet er nach der Schilderung mangelnder Küchenhygiene als „Schweinigel" (Tb, 29. Mai). Der Agnostiker Kükenthal fühlt sich „unbehaglich" (Tb, 18. Mai) angesichts der Gewohnheit des frommen Kapitäns, am Sonntag laut Choräle zu singen. Den Professoren der Tübinger Naturwissenschaftlichen Fakultät, in deren Kreis er eigentlich gerne eintreten würde, bescheinigt er, sich wie olympische Götter zu verhalten (Tb, 18. August). Coburger Bekannte, die seinen Plan, auf dem Walfangschiff nach Spitzbergen zu segeln, offenbar zu riskant finden, bezeichnet er als „Coburger Philister" (Tb, 18. August). Diese Etikettierung als Spießbürger gilt nicht seinen in Coburg lebenden Eltern, die die Fahrt auch finanziell unterstützen. Ihnen dankt er 1889 mit der Widmung, die er in ein Exemplar von *Vergleichend Anatomische und Entwickelungsgeschichtliche Untersuchungen an Walthieren* schreibt: „Seinen lieben Eltern, deren Opferwilligkeit allein die Ausführung der ersten Eismeerfahrt ermöglicht hat, widmet dieses Buch, als erste Frucht der Reise ihr dankbarer Sohn Willy".[18]

Zudem gibt das Tagebuch Einblicke in sehr persönliche Lebensumstände während der Reise und lässt so den Leser gelegentlich auch an privatesten Seiten des Lebens teilnehmen. Eine intensive Überarbeitung, die allzu Privates eliminiert, wäre notwendig gewesen auf dem Weg vom Manuskript zum veröffentlichten Buch. Eine Absicht zu einer solchen Überarbeitung findet sich weder im Tagebuch noch im Reisebericht von 1888. Eine Veröffentlichung hätte zudem erfordert, das norwegische Vokabular[19] zu übersetzen und dessen Orthographie zu vereinheitlichen, ebenso wie die vieler deutscher Wörter.

Das Tagebuch dürfte eher als Grundlage für Berichte und die Auswertung der zoologischen Ergebnisse gedacht gewesen sein, wie sich in der Einleitung von *Vergleichend Anatomische und Entwickelungsgeschichtliche Untersuchungen an Walthieren* aus dem Jahr 1889 zeigt. Darin schildert Kükenthal kurz die Schwierigkeiten, die 1886 auf dem Schiff bei dem Herauspräparieren von

---

[18] Im Familienbesitz.
[19] Insgesamt verwendet Kükenthal in spontanen Sprachwechseln 134 norwegische Wörter, davon 20 häufig; siehe auch das diesbezügliche Register.

Walgehirnen zu bewältigen waren: „Man denke sich zu dieser Arbeit ein fast stets stürmisches Meer, eine eisige, durchdringende Kälte, Schnee- und Hagelböen, und man wird begreifen, dass die Leute nicht viel Lust haben, länger dabei zu verweilen, als absolut nothwendig ist.“[20] Ausführliche Schilderungen des Präparierens finden sich im Tagebuch (Tb, 5. Mai, 13. Mai; 24. Mai, 8. Juni). Ferner enthält das Tagebuch (Tb, 20. August) bereits die Planung von Kapitel III des 1889 erschienenen Buches mit der Überschrift „Ueber das Centralnervensystem der Cetaceen“.[21]

Außer für wissenschaftliche Arbeiten dürfte das Tagebuch auch im Hinblick auf späteres mündliches Berichten geschrieben worden sein. So kann es bei Erzählungen für die Familie oder Kollegen als Gedächtnisstütze gedient haben. Eine Ehefrau, der er daraus vorlesen könnte, wie er es mit seinen Tagebüchern von der Molukkenreise beabsichtigt, hat Kükenthal 1886 noch nicht.

Die Veröffentlichung des Tagebuchs mehr als neunzig Jahre nach dem Tod des Verfassers und 129 Jahre nach der Reise ist in vieler Hinsicht von wissenschaftlichem Interesse. Für einen Leser, der sich rasch über Kükenthals Rolle in der Walforschung seiner Zeit orientieren will, wird zwar auch der Bericht geeignet sein, den er 1888 unter dem Titel *Bericht über eine Reise in das nördliche Eismeer und nach Spitzbergen im Jahre 1886* veröffentlicht. Formulierungen des Berichtes zeigen, dass Kükenthal sich bei der Abfassung des Tagebuchs bedient.[22] Allerdings handelt es sich bei der Zeitschrift, in der der Bericht veröffentlicht wird, um das Publikationsorgan „Deutsche Geographische Blätter“ der Geographischen Gesellschaft in Bremen. Diese 1877 gegründete Gesellschaft ging aus dem „Verein für die deutsche Nordpolarfahrt“ hervor und ist möglicherweise einer von Kükenthals Geldgebern

[20] Kükenthal, 1889, S. VIII. „Die Leute“ bezeichnet die Matrosen, die bei dem Herauspräparieren halfen.

[21] Kükenthal, 1889, S. VI.

[22] Kükenthal, 1888, S. 7, Tb, 3. Mai; Kükenthal, 1888, S. 27, Tb, 20. Juli.

für die Reise von 1886. Jedenfalls ist die Geographische Gesellschaft in Bremen bereit, Mittel für Kükenthals zweite Nordpolarreise im Jahr 1889 nach Ostspitzbergen bereit zu stellen,[23] obwohl er „auf den rein zoologischen Charakter der Unternehmung"[24] hingewiesen hatte. Der Bericht von 1888 ist, der Textgattung entsprechend, von einigen Konventionen geprägt. So werden in der Einleitung Bescheidenheitstopoi formuliert in Bezug auf den Umfang der Erkenntnisse der Reise. Der Verfasser betont, in Hinsicht auf Geographie nicht fachkundig zu sein.[25] Ferner wird in dem Bericht geographischen Beobachtungen mehr Raum gegeben als im Tagebuch. Schilderungen der Arbeiten mit der *skrape*, des Präparierens und Konservierens treten mehr in den Hintergrund. Schließlich fehlen dem wissenschaftlichen Text, der kaum halb so lang ist wie das Tagebuch, viele von dessen genauen Angaben und Schilderungen; ferner fehlt, verständlicherweise, alles Persönliche. Der frische humorvolle Stil, der den Text des Tagebuchs kennzeichnet, ist nur noch zu ahnen.

Der Text von Kükenthals Tagebuch ist als Erzählung gestaltet. Es stellt sich die Frage, welche Traditionen und Vorbilder bei der Gestaltung mitgewirkt haben könnten. Das Schreiben von wissenschaftlichen Tagebüchern ist zur Zeit von Kükenthals Reise nach Spitzbergen eine übliche Speichermethode für Daten, Zeichnungen, Reflexionen, Beobachtungen und Erinnerungen, die für eine große Zahl von deutschen Naturwissenschaftlern belegt ist.[26] Viele von ihnen führen Tagebuch als Grundlage für Autobiographien,[27] die sie später schreiben wollen. Einige planen

[23] Kükenthal, 1890, S. 2.

[24] Ebd., S. 3.

[25] Kükenthal, 1888, S. 1–2.

[26] Jessen und Voigt, 1989, widmen den Selbstzeugnissen deutscher Mathematiker, Naturwissenschaftler und Techniker einen eigenen Band.

[27] So der Zoologe und Anatom Carl Gegenbaur, 1826–1903, dessen *Lehrbuch der Anatomie des Menschen* Kükenthal 1886 mit sich führt. Die Autobiographie Gegenbaurs *Erlebtes und Erstrebtes* erscheint 1901 in Leipzig; s. Jessen und Voigt, Bd. 3, 1989, S. 110.

von vorneherein eine Publikation ihres Tagebuchs, insbesondere dann, wenn Entdeckungsreisen Gegenstand des Geschriebenen sind.[28]

Als Vorbild für seine wissenschaftliche Arbeit mit dem Material aus Spitzbergen nennt Kükenthal (Tb, 20. August) das 1861 veröffentliche kleine Werk von Adolph Eduard Grube *Ein Ausflug nach Triest und dem Quarnero. Beiträge zur Kenntniss der Thierwelt dieses Gebietes.* In seinem Vorwort dazu begründet Grube, warum er die Ergebnisse seiner Reise in Form eines Tagebuchs veröffentlicht. Die Begründung fußt auf der didaktischen Überlegung, dass er damit seinen Dorpater Schülern einen Leitfaden an die Hand geben will, wie man „die oft spärlich zugemessene Zeit da am besten zum Sammeln verwerthen“[29] könne. Sein Tagebuch, adressiert an: „liebster Freund“[30], und geführt vom 27. März bis zum 25. April 1858, beschränkt sich allerdings keineswegs auf zoologische Themen. Landschaftsbeschreibungen, Begegnungen mit Menschen und praktische Hinweise zur Verständigung und zur Organisation des Alltags sind ebenfalls Themen. Als besonders vorbildlich beurteilt Kükenthal die Verständlichkeit der Sprache, die in Bezug auf die wissenschaftliche Präzision keine Konzessionen an den Leser mache (Tb, 20. August).

Das Literaturverzeichnis von Kükenthals Habilitationsschrift zeigt, dass er auch von norwegischen Forschern Berichte über zoologische Reisen, und zwar aus den Jahren 1849, 1850 und 1858 heranzieht.[31] Selbst wenn er diese vor Antritt seiner Spitz-

---

[28] Aus der Fülle der von Jessen und Voigt genannten Beispiele sei verwiesen auf Reinhold Buchholz, 1837–1876, Zoologe in Greifswald: *Reinhold Buchholz' Reisen in West-Afrika: nach seinen hinterlassenen Tagebüchern und Briefen; nebst einem Lebensabriss des Verstorbenen.* Carl Heinersdorff (Hg.), Leipzig, 1880; s. Jessen und Voigt, Bd.3, 1989, S. 52.

[29] Grube, 1861, Vorwort.

[30] Grube, 1861, S. 1.

[31] Kükenthal, 1887, führt im Literaturverzeichnis, S. 60–64 folgende Berichte auf: „Sars. M.: Beretning om en i Sommeren 1849 foretagen zoologisk Reise i Lofoten og Finmarken. Nyt. Mag. for Naturvidensk. Bd. VI, 1851“, S. 121–211;

bergenreise von 1886 gekannt haben sollte, scheiden sie aber als mögliche Vorbilder für sein Tagebuch aus. Die Autoren dieser Berichte beschränken sich auf die Schilderung der zoologischen Ergebnisse ihrer Reisen. So gibt Sars an, welche „Former af hvirvellöse eller lavere Dyr“[32] er bei den Lofoten und an der Küste der Finnmark beobachten konnte.

Die Tradition, dass Gelehrte ihre Beobachtungen in ein Reisetagebuch eintragen, ist aber wesentlich älter. Bereits frühneuzeitlichen Gelehrten steht eine reiche Auswahl apodemischer Literatur zur Verfügung, in der sie Empfehlungen finden, wie ein Tagebuch zu führen sei, um so die auf ihrer Reise „gewonnenen Informationen festzuhalten, zu systematisieren und auszuwerten.“[33]

Erst bei der Molukkenreise von 1893–1894 wird Kükenthal sich zusätzlich des Photographierens als Speichermethode bedienen.[34]

Kükenthals Doktorvater, Ernst Haeckel, bedient sich bei seinen Forschungsreisen einer anderen Methode der Speicherung, nämlich der des Briefeschreibens.[35] Über Haeckels erste Tropenreise 1881/82 nach Ceylon ist Kükenthal bei Antritt seiner Reise nach Spitzbergen sicher informiert. *Indische Reisebriefe 1881–*

„Koren: Indberetning til collegium academicum over en paa offentlig Bekostning foretagen zoologisk Reise i Sommeren 1850. Nyt Magazin for Naturvidensk. Bd. IX. 1856“, (richtig: 1857), S. 89–96; „Daniellsen: „Beretning om en zoologisk Reise foretagen i Sommeren 1858. Nyt Magazin for Naturvidensk., Bd. XI, 1859“, (richtig: Danielssen, Bd. XI, 1861), S. 1–58 .

[32] Sars, 1851, S. 121; Übersetzung: Welche Formen von wirbellosen oder niederen Tieren. Auch die Berichte Korens und Danielssens dienen nicht als Vorbild für Kükenthals Tagebuch, da sie nach jeweils kurzer Einleitung lediglich die Ergebnisse ihrer Reisen in Listen erfassen.

[33] Boedeker, 202, S. 514.

[34] Die Photographien sind abgebildet in Kükenthal, Willy: „Forschungsreise in den Molukken und Borneo im Auftrage der Senckenbergischen Naturforschenden Gesellschaft“, Frankfurt a. M., Moritz Diesterweg, 1896, Abhandlungen der Senckenbergischen Naturforschenden Gesellschaft, Bd. 22.

[35] Nach Auskunft des Ernst-Haeckel-Hauses liegt nur ein Reisetagebuch des jungen Ernst Haeckel vor, das er auf Veranlassung seiner Eltern geschrieben haben soll.

1882 hatte er möglicherweise schon in der 1884 bei Paetel in Berlin erschienenen Ausgabe gelesen.[36] Jedenfalls kennt er sie bei seiner Reise zu den Molukken, wie sein Brief vom 20. November 1893 aus Singapur an Haeckel zeigt: „In Ceylon gedachte ich Ihrer oft, und manche Stellen aus Ihren 'Reisebriefen' traten mir vor die Seele, als ich die Expeditionen am Flusse entlang, und später nach Mount Lavinia machte."[37] Diese Methode, seine Beobachtungen in Reisebriefen festzuhalten, kommt für Kükenthal 1886 nicht in Frage, da eine Postbeförderung durch andere Schiffe in Spitzbergen nicht möglich war (Tb, 18. August).

Vielmehr plant er von Anfang an, ein Tagebuch zu schreiben, wie aus seiner Liste „Kleine Notizen: betreffs anderw. Ausrüstung" hervorgeht, in der er vermerkt: „Tagebuch. besorgt" (Tb, vorangestellte Liste). Ferner nimmt er eine Ausrüstung mit, die es ihm ermöglicht Aquarelle[38] zu malen (Tb, zum Beispiel 12. Mai, 19. Mai). Ob bei seiner Entscheidung für das Tagebuch außer praktischen Gesichtspunkten auch andere Vorbilder als Grubes Text eine Rolle spielen, kann nur vermutet werden. Expressis verbis gibt es von Kükenthal keine Hinweise darauf, weder im Tagebuch selbst noch in Briefen. Zu denken wäre an die Tagebücher von Georg Forster, Alexander von Humboldt und Charles Darwin.

Amerikanische Reisetagebücher Alexander von Humboldts über seine Reise mit Aimé Bonpland in den Jahren 1799–1804 sind wissenschaftsgeschichtlich für das 19. Jahrhundert von so grundlegender Bedeutung, dass ein Interesse daran und Kenntnisse darüber bei einem jungen Naturwissenschaftler, der 1886 eine Forschungsreise antritt, unterstellt werden dürfen, auch wenn Humboldt, wie auch Forster, als Vertreter einer anderen Zeit

[36] Haeckel, Ernst: *Indische Reisebriefe 1881–1882*. Berlin, Paetel, 1884.
[37] EHH, A-Abt.1, Nr. 2395/8.
[38] Im Reisebericht über seine Spitzbergenexpedition von 1889 finden sich Beispiele in der Online-Version; (s. Literaturverzeichnis).

ihre Werke als naturwissenschaftliche „Liebhaber" und „Autodidakten" schrieben.[39] Publikationen von Teilen des Werks von Alexander von Humboldt in deutscher Übersetzung wären jedenfalls für Kükenthal als Lektüre zugänglich gewesen.[40]

Es stellt sich die Frage, wie die Wirklichkeitserfahrung von Forschungsreisen „in die Form von naturwissenschaftlich-literarischen Texten gebracht wird."[41] In diesem Zusammenhang soll ein Blick auf die Struktur des Textes von Kükenthals Tagebuch geworfen werden. Dieser weist verschiedene Erzählinstanzen auf. Ein Ich-Erzähler, vorherrschend in den weitaus meisten Textpassagen, ist Teilnehmer am Geschehen (u. a. Tb, 28. April) und erzählt in oft mündlich geprägter, zuweilen anekdotenhafter Sprache auf der Ebene der erzählten Zeit, also zwischen 26. April und 2. September 1886 (u. a. Tb, 7. Mai). Dieser Erzähler reflektiert die Umstände seines Schreibens: „Es ist sehr schwer ein Tagebuch unter diesen Verhältnissen zu führen, doch will ich von jetzt an versuchen, etwas geordneter vorzugehen." (Tb, 3. Mai). In diesen Teilen des Tagebuchs ist ein erzählendes Ich von einem Ich, über das erzählt wird, zu unterscheiden.[42] Dieses geht zuweilen in ein

---

[39] Diese plausible Unterscheidung wird von Görbert, 2014, S. 27, vorgenommen.

[40] Cotta bringt 1807 eine Ausgabe von *Alexander von Humboldt's und Aimé Bonpland's Reise in die Aequinoktial-Gegenden des Neuen Kontinents.* 1859 gibt Cotta eine sechsbändige Ausgabe mit dem Titel *Alexander von Humboldt's Reise in die Aequinoctial-Gegenden des Neuen Continents* heraus. Es wird vermerkt: „Einzige von A. v. Humboldt anerkannte Ausgabe in deutscher Sprache." 1861 folgt in demselben Verlag eine weitere sechsbändige Ausgabe mit demselben Titel und dem Vermerk: „nach der Anordnung und unter Mitwirkung des Verfassers; einzige von A. v. Humboldt anerkannte Ausgabe in deutscher Sprache." Die genannten Ausgaben sind im Katalog der Universitätsbibliothek Jena aufgeführt. Allerdings sind die Zugangsbücher der betreffenden Jahre so beschädigt, dass nicht geklärt werden kann, ob die Anschaffungen vor Kükenthals Reise erfolgten.

[41] Görbert, 2014, S. 3.

[42] Ette, 2001, S. 36, hält diese „Aufspaltung in erzählendes und erzähltes Ich" für ein konstituierendes Kennzeichen „des literarischen Reiseberichts der Moderne."

kollektives „wir“ ein, und ist dann einer von zweien (Tb, 17. Juli) oder einer von mehreren (Tb, 21. August), zum Beispiel der gesamten Mannschaft. Das erzählende Ich blickt zurück, es bedient sich vornehmlich des Präteritums. Der von diesem Ich-Erzähler verfasste Teil des Tagebuchs entspricht dem, was Martínez und Scheffel als „faktuale Erzählung“[43] bezeichnen, einer Erzählung also, die im Unterschied zur fiktionalen Ereignisse wiedergibt, die tatsächlich stattgefunden haben. Der Ich-Erzähler fungiert als Bürge für die Glaubwürdigkeit des Erzählten, das er durch die Nennung von Daten, Namen und geographischen Bezeichnungen belegt (u. a. Tb, 24. Juni). Das bedeutet allerdings nicht, dass diese Teile des Tagebuchs nicht auch fiktionale Elemente enthalten können. So entwirft der Ich-Erzähler gerade in diesen Passagen ein Bild von dem Ich, über das erzählt (u. a. Tb, 13. Mai), das sich einer Überprüfung im Hinblick auf seine Faktizität naturgemäß entzieht. Auch von anderen Personen entwirft er Schilderungen und Beurteilungen, für die dasselbe gilt (u. a. Tb, 21. August). Bei der Schilderung gefährlicher und abenteuerlicher Situationen baut der Ich-Erzähler Spannung auf (u. a. Tb, 13. Mai), üblicherweise eine Methode, den Leser zu fesseln. Allerdings wird weder ein impliziter Leser im Text deutlich, noch wird ein Leser ausdrücklich angesprochen.

Ein anderer Erzähler agiert in der Rolle eines Protokollanten. Auch er erzählt in der erzählten Zeit, seine Sprache weist keinerlei mündliche Elemente auf. Er hält im Tagebuch Daten zu Flora und Fauna fest (u. a. Tb, 29. Juni und Abb. 7), ferner die Ergebnisse von Konservierungen (Tb, 20. August und Listen am Ende des Tb) und von Messungen meteorologischer Daten (siehe Abb. 15.1–15.7).

Eine weitere Erzählinstanz des Tagebuchs, in größerer Entfernung zur erzählten Zeit, steht für wissenschaftliche Exkurse zum Beispiel über *Beluga leucas* (Tb, 20. August) oder über die Eis-

[43] Martínez und Scheffel, 2009, S. 10.

verhältnisse des Sommers 1886 in Spitzbergen (Tb, 15. August). Diese Exkurse sind wissenschaftliche Abhandlungen im Kleinstformat. Sie sind im Präsens geschrieben, der Erzähler tritt nicht in der Ich-Form in Erscheinung. Die Exkurse sind nicht frei von Selbstdarstellung, korrigiert der Erzähler doch zum Beispiel eine mitgeführte Karte (Tb, 27. Juni und Abb. 12) sowie Ansichten über Meeresströmungen und Eisverhältnisse (Tb, 15. August) und erweckt dabei den Eindruck, in dem jeweiligen Feld besser Bescheid zu wissen als seine wissenschaftlichen Vorgänger.

Schließlich tritt ein Erzähler auch als eine Art Historiker in Erscheinung. Diese Instanz erzählt, was sie von anderen Personen wie dem Kapitän (u. a. Tb, 8. Mai) oder der Mannschaft (u. a. Tb, 12. Mai) sowie einem Sami aus Hammerfest, dem so genannten Posthans (Tb, 26. Juli), über die arktische Fauna oder einzelne Ereignisse gehört hat. Gegenstand dieser Erzählinstanz ist auch die Wiedergabe von Gelesenem, zum Beispiel über den schwedischen Forscher A. E. Nordenskjöld (Tb, 30. August).

Der Erzähler tritt ferner, losgelöst von der erzählten Zeit, als Planungsinstanz auf. Er formuliert Möglichkeiten, wie die Forschung mit dem gewonnenen Material und die anschließenden Publikationen aussehen könnten (Tb, 20. August). Er stellt Überlegungen über eine zweite Reise nach Spitzbergen an, die möglichst weit in den Norden führen soll (Tb, 30. August).

Diese Betrachtungen zur Struktur des Textes zeigen, dass das Tagebuch eine „Mischgattung“[44] ist. Kükenthal kann diese Struktur selber entwickelt haben oder er kann dazu durch Vorbilder wie Alexander von Humboldts Reisebericht angeregt worden sein.[45] Keine der beiden Möglichkeiten lässt sich belegen, ebenso wenig lassen sie sich ausschließen.

---

[44] Ette (Hg.), 1991, S. 1594.

[45] Wie Ette gezeigt hat, hat *Reise in die Aequinoktial-Gegenden des Neuen Kontinents* „eine komplexe narrative Struktur“, in der verschiedene Erzählinstanzen unterschieden werden können. Zum Einfluss von Georg Forsters Reisetagebuch auf Alexander von Humboldt s. Ette, 2001, S.37–39.

Belegen beziehungsweise ausschließen lässt sich auch ein möglicher Einfluss von Darwins Reisetagebuch nicht. *Reise eines Naturforschers um die Welt* erscheint 1875 innerhalb einer von Darwin autorisierten deutschen Werkausgabe und wird 1876 im Zugangsbuch der Universitätsbibliothek in Jena als Anschaffung vermerkt.[46] Darwins Tagebuch wäre somit für Kükenthal als Lektüre zugänglich gewesen. Als Schüler von Ernst Haeckel[47] dürfte Kükenthal es sicher studiert haben.

Vom 26. April bis zum 2. September teilen sich der Kapitän des „Hvidfisken", Morten Ingebrichtsen, und der junge Gelehrte aus Jena einen Raum, den Kükenthal als Kajüte bezeichnet (Tb, 28. April). Diese Konstellation erinnert an Darwins Reise mit der „Beagle", die er 1831 im Alter von 22 Jahren antritt. Er teilt bis zu seiner Rückkehr nach England im Oktober 1836 eine Kajüte mit Kapitän Robert Fitz Roy.

Sind Darwin und Kapitän Fitz Roy über Sklaverei unterschiedlicher Meinung, da Darwin diese leidenschaftlich ablehnt,[48] so regt sich Kükenthal als entschiedener Anhänger von Darwins Deszendenztheorie auf über Ingebrichtsens mangelnde Einsicht in die Naturgesetze, die Darwin formuliert hatte: „so ist das um aus der Haut zu fahren" (Tb, 21. August).

---

46 Thüringer Universitäts- und Landesbibliothek, Abt. Handschriften und Sondersammlungen, AD I, 9 Blatt 47r, Nr. 507. Unter den Büchern, die Kükenthal der Bibliothek des Museums für Naturkunde hinterlassen hat, befindet sich das Tagebuch Darwins nicht.

47 Das von Kükenthal auf die Reise mitgenommene *Lehrbuch der Zoologie* (s. Fußnote 4 in der Transkription) zeigt in der 1. Auflage, 1872, in dem Kapitel „Die Transmutationslehre (Descendenzlehre) [...]", S. 124 ff, ein vorsichtiges Einverständnis mit Darwins Überlegungen, distanziert sich aber mehrfach deutlich von Haeckels *Natürliche Schöpfungsgeschichte,* der Claus „Starke Übertreibung" vorwirft, ebd., S. 126. Uschmann, 1959, S. 96, zählt Claus zu den wissenschaftlichen Gegnern Haeckels.

48 Darwin, 2006, S. 48, 648–650; Darwin, 2008, S. 83. Kükenthal konnte von Fitz Roys Einstellung kaum Kenntnis haben, da die Autobiographie Darwins nach der Spitzbergenreise von 1886 erschien und die kritischen Passagen über den Kapitän gestrichen worden waren; s. Fußnote 51.

Darwin kann auch Vorbild für die Danksagung an den Kapitän sein. Im Vorwort seines Reisetagebuchs dankt Darwin Kapitän Fitz Roy in besonders verbindlichen Worten und versichert ihn seiner Freundschaft.[49] Kükenthal wählt als Ort für die Danksagung seinen Forschungsbericht für die Geographische Gesellschaft: „Sein [Ingebrichtsens] unermüdlicher Eifer mir bei meinen wissenschaftlichen Arbeiten zu helfen, wo er nur konnte, hat ihm meine dauernde Freundschaft zugesichert."[50] Beide Danksagungen zeigen sich der Konvention verpflichtet, negative Urteile nicht coram publico zu äußern.[51]

Kükenthals Tagebuch steht in der Tradition seiner Zeit, wie insbesondere seine Ausführungen zu dem Tagebuch von A. E. Grube zeigen. Es ist möglicherweise auch durch die Reisetagebücher Alexander von Humboldts und Charles Darwins beeinflusst. Es zeigt einen Gelehrtentypus, der sich für alle ihm begegnenden Naturphänomene interessiert, aber nicht mit einem enzyklopädischen Ansatz arbeitet. Vielmehr zeigt das Tagebuch Kükenthals Konzentration auf die Fauna des Nordpolarmeers, insbesondere auf Wale. Der Text des Tagebuchs ist damit ein Dokument der frühen Walforschung und der Arbeitsbedingungen, unter denen der junge Zoologe Kükenthal diese 1886 in Spitzbergen betreibt.

---

49 Darwin, 2006, S. 19.

50 Kükenthal, 1888, S. 3.

51 In seiner Autobiographie äußert Darwin sich keineswegs nur positiv über den Kapitän, dem er zum Beispiel bescheinigt, unter „Anfällen nachtragender Unversöhnlichkeit", Darwin, 2008, S. 82, gelitten zu haben. Darwins Autobiographie *Mein Leben* wird 1887 als »gereinigte Fassung« durch seinen Sohn Francis Darwin veröffentlicht. Die wieder vervollständigte Autobiographie erscheint erst 1958.

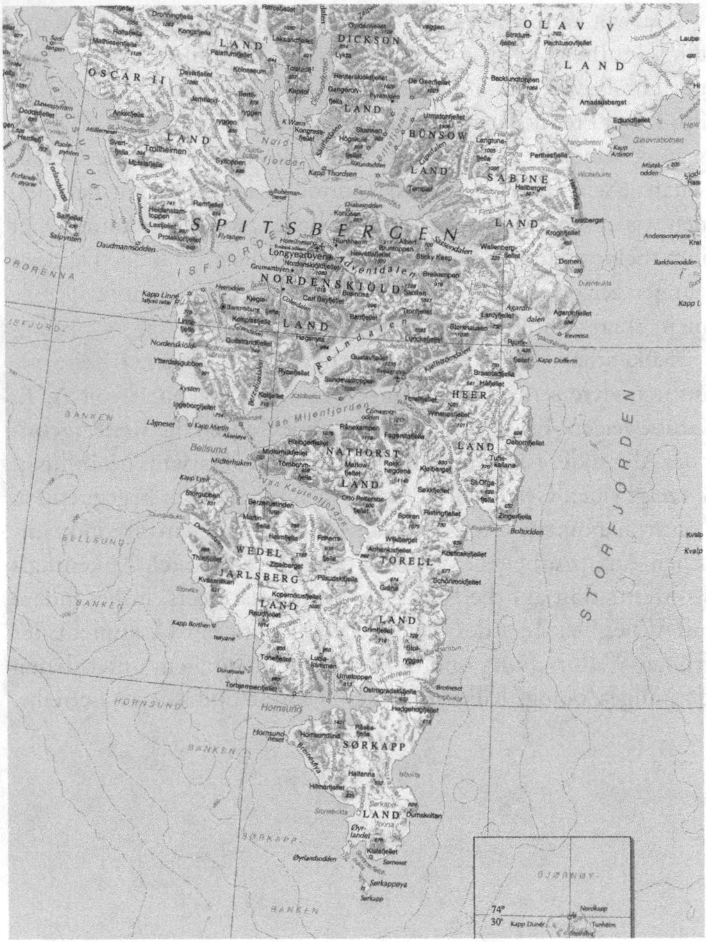

Norsk Polarinstitutt

Tagebuch geführt an Bord des „Hvidsfisken" Polarreise vom 28 April bis 2.t. Sept.

S. Bauer (Hrsg.), *Tagebuch Willy Kükenthal*, DOI 10.1007/978-3-662-47498-3_2

Dr. Kükenthal
Jena Zoolog. Institut.

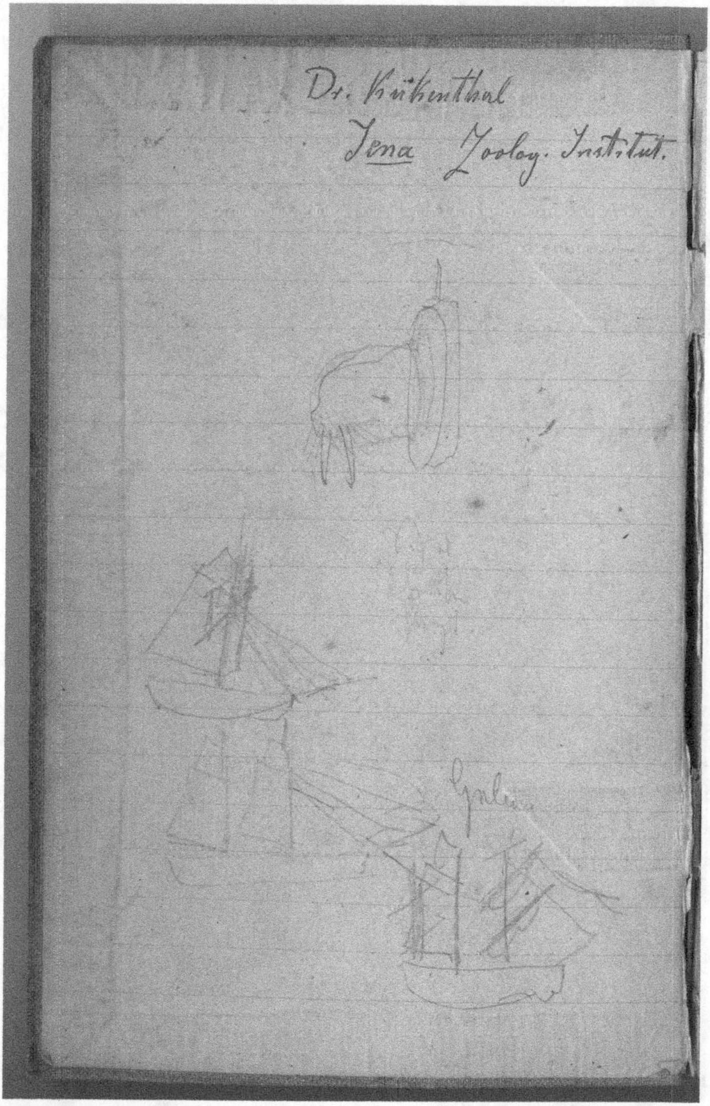

Abb. 1.1 Tagebuch Innenseite, links

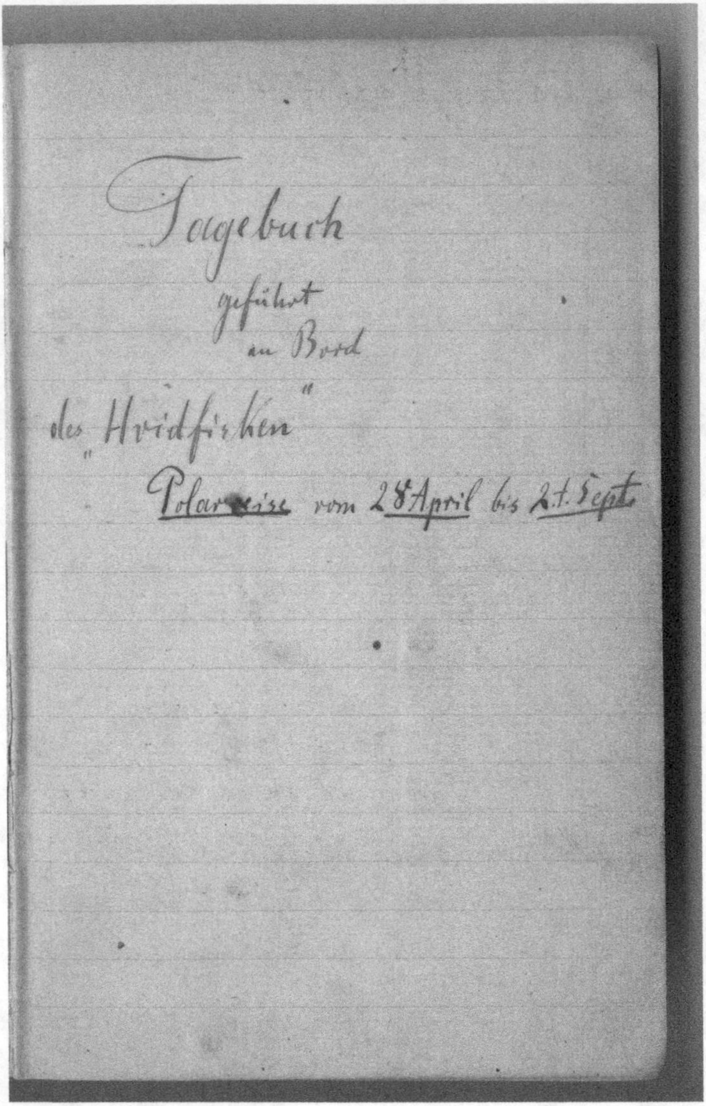

Tagebuch
geführt
an Bord
des „Hvidfisken"
Polarreise vom 28 April bis 2.t. Sept.

Abb. 1.2 Tagebuch Innenseite, rechts

Tagebuch geführt an Bord des „Hvidsfisken" Polarreise vom 28 April bis 2.t. Sept.

Kiste Z. U. 12. Hamburg
Utensilien
1 Instrumentenkasten
3 Gummischläuche
Glasröhren
Glasspritze
Feile
3 grobe Messer
5 Scalpelle
3 gerade Scheeren
1 Krumme Scheere
1 große Pincette
2 kleine Pinc.
1 Säurepincette
6 Hornlöffel
2 Metalllöffel
Etiketten.
Lupe.
3 Rollen Bindfaden
Insectenfänger
Nägel
Papp Kästchen
12 Korke
Quetschhahn
2. 15 Blechkisten mit Deckel.
3. Löthkolben u. 2 Lothe, Salmiak. große Feile.
4. 3 Oberflächennetze mit Reservenetzen.
5. Kiste mit Chemikalien Chromsäure 1 Kilo
Chroms. Kali 1 "
Sublimat 1 "
Ueberosms.[1] 1 gr.

[1] Ueberosmiumsäure: möglicherweise Osmiumtetroxyd. Vermutung von Dr. Ch. O. Coleman, MfN. Zu Überosmiumsäure s. auch Uschmann, 1959, S. 96.

5 Kiste mit Chemikalien 11 kleinere Flaschen.
6. Kiste mit 300 Gläsern
7. Kiste mit 150 Gläsern
8. 20 Meter Leinwand.
9. 7 Schleppnetzsäcke
10. Kiste mit Zeis' schem Microscop. A&D. 2 Ocul.
20 Objecttr.
Deckgläser
11. Rucksack.
12. geolog. Hammer.

II Faß mit 120 Liter Alkohol (95,5 °.) von Rosshammer & Löhr Hamburg, Waldramsbrücke. dirigirt an Museum, Tromsoe.
III 3 Schleppnetze bei Röther, Weissenfels; gesandt an Reimers.
ev. mitzunehmen

Kleine Notizen: betreffs anderw. Ausrüstung	
grauen Anzug füttern lassen	bes.
1 Paar grobe, 1 Paar bessere Schuhe	bes.
1 Kilo Gebr.& gemahl. Kaffee in Blechbüchse	
1 Kilo Cacao dito.	
50 Patronen mit starkem Schrot	bes.
50 P. mit Hasenschrot	bes.
50 P. mit Hühnerschrot.	bes.
/1 Gewehr./	
Alle wollene Unterwäsche	bes.
8 Paar wollene Strümpfe.	bes.
Hausschuhe	bes.
6 Stücken Seife, gewöhnliche.	
Kaffeemaschine	besorgt
seidene Taschentücher	
2 Paar dicke, wollene Handschuhe.	bes.
eine dicke Wollkappe.	bes.
Wollweste.	bes.

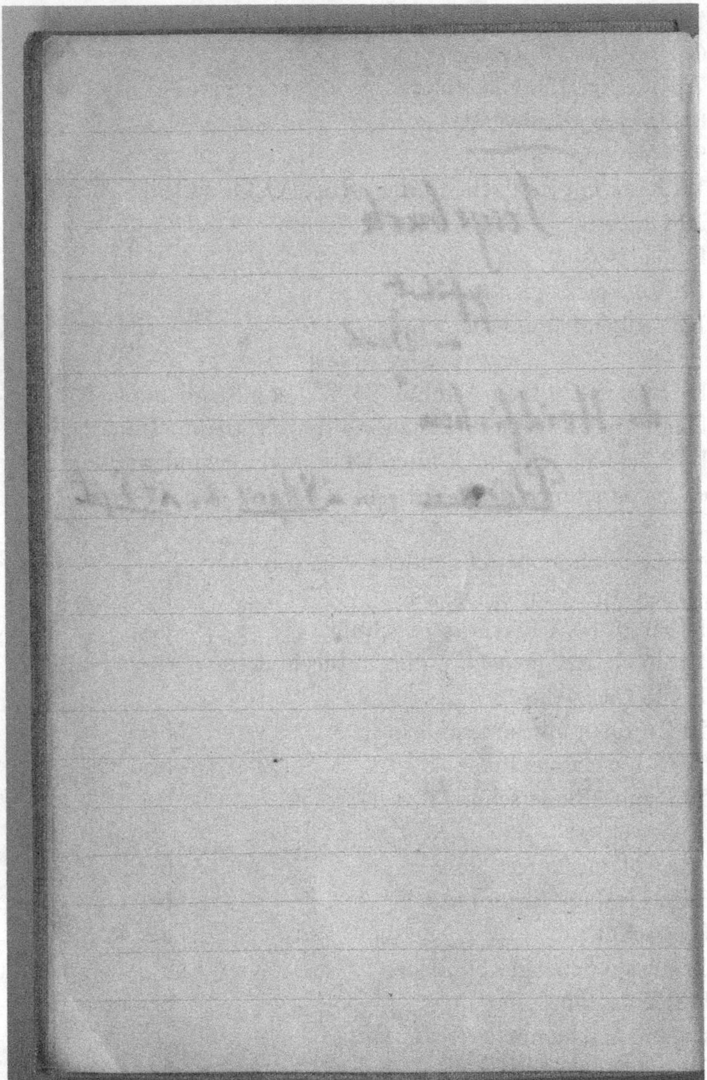

Abb. 2 Tagebuch, S. III, Utensilien

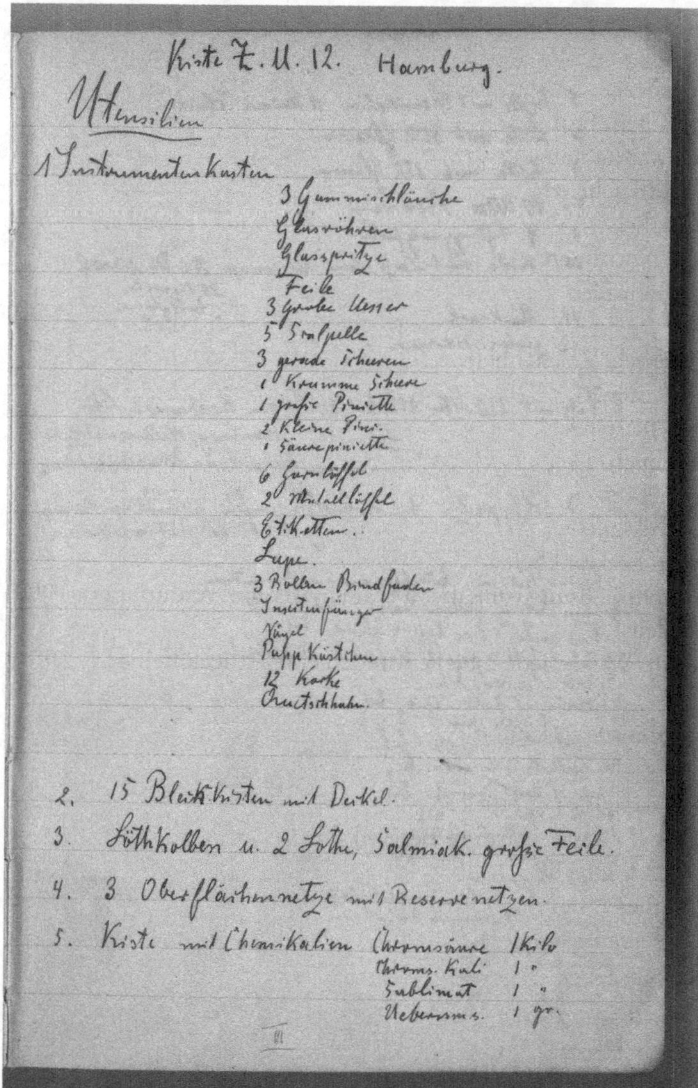

Kiste Z. U. 12. Hamburg.

Utensilien

1 Instrumentenkasten

3 Gummischläuche
Glasröhren
Glasspritze
Feile
3 grobe Messer
5 Scalpelle
3 gerade Scheeren
1 Krumme Scheere
1 große Pincette
2 kleine Pinc.
1 Säurepincette
6 Hornlöffel
2 Metalllöffel
Etiketten.
Lupe.
3 Rollen Bindfaden
Insectenfänger
Nägel
Pappkästchen
12 Korke
Quetschhahn.

2. 15 Blechkisten mit Deckel.

3. Löthkolben u. 2 Lothe, Salmiak. große Feile.

4. 3 Oberflächennetze mit Reservenetzen.

5. Kiste mit Chemikalien Chromsäure 1 Kilo
Chroms. Kali 1 "
Sublimat 1 "
Ueberosms. 1 gr.

III

Südwester.	bes.
Bettdecke.	bes.
Reisedecke.	bes.
chir.-med. Etui.	
Leinwand (Stange)	
1 Feldflasche. x	
1 Meißel.	bes.
1 kl. Notizbuch.	[bes.]
Malutensilien	bes.
Bloc.	bes.
wissensch. Zeichenheft.	bes.
Malkasten.	bes.
Pinselkasten.	bes.
Tagebuch.	besorgt
Baedecker.	bes.
Arsenikseife.	bes.

gegen Seekrankheit.
concentr. Lösung von salzs. Cocain in Alkohol verdünnt mit 1000 Theilen
destill. Wasser. jede 2 bis 3 Stunden einen Theelöffel. bes.

In Tromsoe zu kaufen

Einmachgläser. 8 Stück
[Destill. Wasser 1 Faß in Bergen]
1 Sieb f. Dregde[2]
250 meter Tau
Conserven
Schnaps

---

[2] Trawlnetz, s. Römer und Schaudinn, Bd. 1, 1900, S. 39.

Bezahlt sind folgende Rechnungen

Spiritus: Rossh & L. Hamburg	58,95 M.
Chemikalien:	19,30 M.
Gläser	26,95.M.

Zu bezahlen
In Jena an Bellack f. Blechkisten
In Hamburg an Reimers f. Fracht. bezahlt in Bergen 15 Mark.
In Tromsoe für Spiritusfracht. 5 Kronen 90 Oere bezahlt.
In Hamburg geschäftliches [50 K. v. aqua Destill f. Cocain.] auf den Schill. bez.
bei Reimers bezahlen Admiralitätsstrasse
in Schiff anfragen ob Conserven in Tromsoe zu kaufen.
In Bergen: Einkauf von 1 Faß destill. Wasser. 60 Liter u. einigen alten Flaschen.
In Tromsoe: Rohe Gläser
Conserven:
Schnaps. u. Cognac;
Tau
Sieb
Spiritus mitnehmen

Conserven
Cacao 2 Büchsen.
Bouillontafeln.
Thee 1/4 Pf.
Multerbeeren.[3]
Kaffee 3 Kilo.
getr. Früchte

---

[3] *Rubus chamaemorus*, in Finnland, Norwegen und Schweden vorkommende, säuerlich frisch schmeckende Beere.

Reisekorb
Kaffee 1 1/2 Kilo
Aepfel 1 1/4 Kilo.
[PAepfel] 9
Pflaumen 2 Kilo.
Cacao 1 Kilo
Wurst 3/4 Kilo
Thee 1/8 Kilo.
Zucker 1 Kilo.
Kaffemaschine
Feldflasche
7 Stück Seife
4 Paar Strümpfe
2 Paar Schuhe
wollenes Tuch
2 wollene Hemden
2 Unterhosen

Koffer
Patronen
2 Meißel
Claus[4]
Credner[5]
Gegenb:[6]
Gegenb.
Pflanzenpresse
Malutensilien.

[4] Claus, Carl F.: *Grundzüge der Zoologie zum Gebrauche an Universitäten und höheren Lehranstalten*. Marburg, 1872. Oder: ders.: *Lehrbuch der Zoologie.* 2. Aufl. 1883. Der Autor wird im Tb am 19. Mai und am 20. Juni erwähnt.
[5] Möglicherweise: Credner, Hermann: *Elemente der Geologie.* Leipzig, W. Engelmann, 1872.
[6] Gegenbaur, Carl: *Lehrbuch der Anatomie des Menschen.* Leipzig, 1883, 2. verb. Aufl. 1885. Im Tb erwähnt am 21. August.

2 Zeichenhefte
Compaß
Gewehrauszieher
Südwester
Nähetui
Brille
Tintenfaß

Reisetasche
1 Hemd
2 Paar Struempfe
2 seidene Taschent.
Beindecken.
Taschenwörterbuch.
2 Notizbücher
Cocain 1[0]5gr
dest. Wasser 50 gr
Kamm Bürste
Seife u Lappen
Zahnbürste
Kleiderbürste.

Reisekorb
Pelzmütze
Leibbinde
3 Taschentücher
3 Paar Handschuhe.
Wollweste.
Kappe
1 Paar Müffchen.
2 Paar Hosen.
Tuch zum Hosenflicken
1 [2] Wollrock
1 Pelzrock.

Säge.
3 Netze.
2 Reisedecken
[Tintenfaß]
1 Paar Hosenträger

Tromsoe
Waage u Gewichte
/Maß/ Aqua destillata.
Einige Gläser
Zahnbürste
Conserven u. Fleisch.
Cognac.
Multerbeeren.
auf Post nachfragen, ob Medicinkasten
Spiritus.

Auf Schiff bef.

Zoll verpfl.
1) 1 Kiste Z. U. 12.
2) 1 Korb Conserven
3) 3 Scrapen

4) 100 m. Tau.
5) Reisekorb
6) Koffer
7) Reisetasche.
8) Mantel.
9) Gewehr
10) Spiritus.

In Tromsoe zurückgelassen
Schneider[7] 100 Mark 100 Kronen
Hay: 70 Kronen Papier circa 40 Kr. Kleingeld sowie Brieftasche etc. etc.
Zoll. 195 Kronen. zurückzufordern.

26 April. 86

Heute ist zweiter Osterfeiertag. Die Sonne scheint warm und hell auf die winterliche Landschaft. Blaues Meer weiße Felszacken. Es sind die Lofoten. Wilde Scenerie. An Bord der „Jonas Lie" nur wenig Passagiere. Aus Mangel an irgend welcher ernsthaften Arbeit verfällt man leicht in eine gewisse Lethargie, die größte Abwechslung bieten noch die Mahlzeiten dar. Die Norweger sind ungemein liebenswürdig, wenn man erst näher mit ihnen bekannt ist (aber kosten darf die Freundschaft nichts! (Schmidt)). Mitunter läßt sich ein gewisses Prahlen mit ihrer Bravheit und anderen Tugenden nicht verkennen.

2[7]8 April

Zum ersten Male schreibe ich an Bord des „Hvidfisken." Gestern Abend segelten wir bei herrlichem Wetter von Tromsoe ab. Es gab entsetzlich viel zu thun in der kurzen Zeit die ich in Tromsoe verweilte. Den Spiritus habe ich mit 195 Kronen anzahlen müssen, bekomme das Geld aber hoffentlich zurück. Schneider gab ich 100 Kronen und 100 Mark, und Hay 70 Kronen, mein gesammtes Silbergeld sowie sämmtliche Papiere in der Brieftasche. Nun besitze ich keinen Pfennig mehr, werde hoffentlich auch nicht in

---

[7] Einer der Konservatoren des Naturhistorischen Museums in Tromsö; s. Kükenthal, 1890, S. 23.

die Verlegenheit kommen, [noch] etwas ausgeben zu müssen. An Bord war Hay mit seinem Schwiegervater, wir tranken noch ein Abschiedsglas. Die Einrichtung unserer Kajüte ist keine übertrieben luxuriöse zu nennen. Es ist ein viereckiger in das Hintertheil des Schiffes eingesenkter Kasten, in den von oben etwas Licht fällt, hier befindet sich auch der Kompaß; sehr practisch so errichtet daß sowohl der draußen am Ruder stehende Steuermann wie der Kapitän von der Kajüte aus, [ablesen] sich danach richten können. Steigt man die Stiege zu unserer Wohnung herab, so erblickt man in der Mitte einen Tisch, dessen unterer Teil von einer Kommode repräsentirt wird. Darüber einen Spiegel, links davon das Aneroidbarometer rechts den Thermometer. Zu beiden Seiten befinden sich Bänke, in deren Hohlraum sich mannigfache Gegenstände bergen lassen, über diesen ein viereckiges Loch. Kriecht man in dieses hinein, der Kapitän in das linke ich in das rechte [)], so ist man in seinem Bette. Dieses ist der Raum, welchen die Kajüte von den Außenwänden des Schiffes übrig läßt. Ein[e] bretterboden dient dem Strohsack als Unterlage, als [D]Betten fungiren Wolldecken. Das Bett ist zugleich Vorrathskammer, indem unter dem Kopfe sämmtliche Wäsche aufgestapelt wird, die so eine /Unterlage für ein/ Kopfkissen bildet; während [zu] an der äußeren Seite ein kleiner Verschlag, [mehrere] kleine Höhlen abtrennt, in welche Conserven etc. aufgestapelt sind [M] damit ist die Reihe der Schätze bergenden Vorrathsräume noch lange nicht erschöpft. 2 kleine Thüren [z] in der Rückwand zu beiden Seiten des Tisches verschließen Wandschränke mit Flaschen und Gläsern als Inhalt, während auf der entgegengesetzten Seite eine untere Thür in den Kleiderschrank führt. Auch einen Keller besitzen wir, man braucht nur an dem im Fußboden eingelassenen Ringe zu ziehen, so thut sich ein Deckel auf, und man erblickt eine dunkle Höhle, in der allerlei köstliche Sachen Multebeeren, Käse, Conserven aufgestapelt sind. Ingebrichtsen[8] erzählt

[8] Kapitän, Eigner der einen Hälfte des Schiffes, s. auch Kükenthal, 1888, S. 4.

mir daß der Weißfisch Beluga leucon nicht von Sepien sondern von Dorsch, Lachs etc. lebt der Bottlenos dagegen Hyperoodon? lebt von Sepien.

/29)/

Unser Schiff wurde 1871 gebaut in Christiania,[9] und [später] an Aagaard[10] und Ingebrichtsen verkauft für 9000 Kronen, Fangapparate etc. für Weißfisch mit eingerechnet. Es ist ein kleines Fahrzeug [von] dessen Deck 25 Schritte lang 8-10 Schritte breit ist. Es besitzt nur ein Deck, der darunterliegende Raum dient zur Aufbewahrung der Fässer, da deren Wasser als Ballast mitgenommen [wird] Speck zurückgebracht wird. Im vorderen Theile des Schiffes erhebt sich der Mast, von außerordentlicher Stärke, zwei querliegende Raaen gehen von ihm aus nach dem Hinterdeck, [die im] beide um den Mast drehbar, die eine sehr starke und lange [von] liegt nicht weit über Mannshöhe über dem Verdeck, die andere [befind] kleine [höhere] befindet sich hoch oben /ebenf./ nach [Rü] der Heckseite des Schiffes zu gewendet. Zwischen beiden spannt sich das Storsejl aus. Eine kleine noch darüberliegende Raae trägt das Gaffelseijl.[11] eine größere dazwischenliegende, [liegt], welche seitlich zur Längsaxe des Schiffes angebaut ist das Sgvaerseijl.[12] Nach vorn zu spannen sich drei dreieckige Segel aus, das Jager, Klüver und /das/ Stagbordsejl,[13] welche hintereinander liegen und einerseits hoch am Maste, andererseits am Bugspriet befestigt sind. Im vorderen Schiffsraum ist die Kajüte der Mann-

---

[9] Bis 1876 Name des heutigen Oslo, ab 1876 Kristiania, ab 1925 Oslo.
[10] Konsul in Tromsö, besitzt die andere Hälfte des Schiffes, s. Kükenthal, 1888, S. 4.
[11] Norw. gaffelseil: Gaffelsegel.
[12] Norw. skværseil: Rahsegel.
[13] Norw. stengestagseil: Vorstengestagsegel.

schaft, [welche in] die Schlafstellen derselben liegen /theils dort theils/ zerstreut [im vorde] zwischen und auf den aufgestapelten Fässern, die Kapitänskajüte liegt hinten zu. 3 viereckige, mit Deckeln zu verschließende Löcher führen in den Schiffsraum hinein.

Am 29 t. April

befinden wir uns noch in ganz ruhigem Fahrwasser im Malangenfjorde. Ein herrlicher Tag; wenig Mond. Am Morgen wurden zunächst die Harpunen in Stand gesetzt, mit Tauen versehen etc. Am Nachmittag probirten wir unsere neuen Kanonen. Es sind drei an der Wandung angebracht auf große Klötze befestigt und nach allen Seiten beweglich. Dieselben sind von Ingebrichtsen [wesentli] in ihrem Bau wesentlich verbessert worden. Wir sehen, nachdem die schützenden Hüllen abgenommen sind, zwei [schanier] Läufe, [d] von denen der eine etwas höher gerichtet ist als der andere. zwischen ihnen liegt auf einer Messingleiste Korn und Kerbe. 2 starke Metallkapseln bergen die Schlösser, welche [wie bei /-unl.-/ denen] /von/ Büchsenschlössern nicht viel abweichen. Soll nun geschossen werden, so wird zunächst die Kanone umgedreht, und in ihre vorderen Mündungen werden Pulverbeutel und Kork gestopft, dann kommt noch ein starker Wergpfropf etc darauf und hierauf werden die Harpunen eingeschoben.

30 April

Im ganzen etwas unruhige aber schnelle Fahrt. (Ueber Segelstellung etc später) Am Nachmittag bekommen wir das Land außer Sicht. Wir haben nun das offene Eismeer vor uns, welches hier seinen Namen mit Unrecht trägt. In Folge der Einwirkung des Golfstromes hat das Wasser, wie fortgesetzte Messungen zeigen eine Temperatur von 4 Grad R und darüber. Die Lufttemperatur wechselt von +2° zu -2° R. Einige kleine Schauerböen, meist aber Sonnenschein.

1 Mai.

Am Morgen stärkere See, [etwa] das Storsejl einmal gerefft. Gegen Mittag kam eine Brigg in Sicht in Richtung Hammerfest; ist wahrscheinlich Kohlenschiff. Führt nur wenig Segel. Sehr schöne Fahrt, 5-6 Meilen. Wir hoffen Morgen Mittag zu den Walfischplätzen zu kommen. Verschiedene Seevögel [,] zwei Arten Möwen, eine graue „Harfest"[14] eine weiße, Mose[15] ferner ein Alke, welcher das Schiff ein paar mal umkreiste. Nichts wichtiges zu thun. Die Mannschaft schläft z. Th. [zu] ein paar beschäftigen sich mit kleinen Holzarbeiten, Messerschleifen etc. Hübsche Idee von Ingebrichtsen. Er glaubt, daß der Bottlenoos an die Grenze zwischen Golfstrom und Polarmeer geht, weil dort sich eine Masse kleiner „Insecten" auf hielten, die von der blacks brut[16] (Sepien) verspeist würden, welche wiederum die Nahrung der Bottlenoos bilden. Der Bottlenoos ist jetzt das Stichwort in aller Munde. Da die Matrosen einen Gewinnantheil haben, so erhöht sich natürlich das Interesse an der Arbeit ungeheuer. Es werden mancherlei Fanggeschichten erzählt. Unser Bedsteman,[17] ein Lappe Nils erzählte dabei daß, [da] es ein großer Genuß wäre, sobald eine Robbe geschossen ist, das Blut aus der Schußwunde zu saugen. Heute hörte ich vom Kapt, daß sie oftmals, wenn sie [in] auf den Fjorden Spitzbergens ein Ren geschossen haben, [dassel] die beine[18] des-

[14] Möglicherweise Verballhornung von Norw. havhest: Eissturmvogel, *Fulmarus glacialis*.

[15] Norw. måse: Möwe.

[16] Norw. blekksprut: Tintenfisch.

[17] Norw.: besteman: Zweiter Offizier.

[18] Norw. bein: Knochen.

selben roh verzehren doch muß das Thier noch vollständig warm sein.

5[19] Mai

Es ist sehr schwer ein Tagebuch unter diesen Verhältnissen zu führen, doch will ich von jetzt an versuchen, etwas geordneter vorzugehen. Am Sonntag den zweiten Mai kamen wir nicht aus den Kojen. Es war Sturm. Die Segel waren bis auf das doppelt gereffte Storsejl eingezogen, das Steuer festgebunden, und so ließen wir uns treiben und von den erregten Wassermassen umherschleudern. Es war nicht daran zu denken auf Deck zu gehen bis zum Nachmittag, wo ich ein paar Minuten oben verweilte, und das Glück hatte den ersten Bottlenos zu sehen. Die Matrosen riefen ihm ein freundliches Willkommen zu, da es aber Sonntag war, und [auf] u der Kapitän streng auf Sonntagsheiligung hält, wurde eine Jagd auf ihn unterlassen. Am Montag Morgen kam [d] ein zweiter Wal in Schußnähe. In Folge der starken Schwankungen des Schiffes glitten die abgefeuerten Harpunen über ihn hinweg, und er verschwand blitzschnell in der Tiefe. Nach etwa 3 Stunden erschien ein zweiter starker Kerl, der dem Bugspriet zu schwamm; im letzten Moment, eben als er zu verschwinden drohte feuerte der Kapitän die Kanone ab. [B]Gleich [einer] Schlangen rollten das /ie/ an den Harpunen befestigten [Taue] Leinen in die Tiefe, jetzt wurde auch das starke Tau [an dem diese] mit [in die Tiefe] hinab gerissen. Kein Zweifel, daß der Schuß saß. Schnell wurde[n] die Luke auf gedeckt, [mit] unter welcher in drei mächtigen Fässern die Taue liegen, und [mit aus diesen heraus wirk, rollten nun die l] in kürzester Zeit waren an 400 Meter Tau in das Meer hinabgerollt; die Kraft des Thieres schien jetzt etwas zu erlahmen, und es konnte [bald] nun der Versuch gemacht wer-

[19] Das Datum muss lauten: 3. Mai.

den, die Schnelligkeit etwas zu vermindern, was freilich nicht ungefährlich war. Endlich gelang es das Tau über die Winde zu bringen, und nun mußte nur noch bei besonders heftigen Bewegungen etwas nachgelassen werden. Mittlerweile war eines der beiden Fangsboote in das Meer hinabgelassen worden, [am Steuer] /der/ Kapitän und 3 Mann sprangen hinein, und fort ging es in der Richtung, welche das Tau vom Schiffe aus genommen hatte. Der hohe Seegang ließ uns das Boot bald nur in kurzen Intervallen mehr sehen. Inzwischen begannen wir auf dem Schiff zurückbleibenden das Tau auf zu winden; mußten indeß jedes mal wenn der Wal eine neue Kraftanstrengung machte, einen Theil des eroberten wieder fahren lassen. Nach längerer angestrengter Arbeit, ging es auf einmal ganz leicht; schon glaubten einige daß das Thier sich los gerissen [würde] hätte, als das Boot wieder näher kam, und hinter [si] demselben eine braune Masse auf und niederwogte; aus ihr heraus ragte [gleich einer F]ahnen eine hin und her schaukelnde lange Stange [dem Thiere war ab]. Eine Unmasse Möven flogen kreischend hinter dem Boote her, bald in den Lüften sich wiegend, bald auf die breite ölig glänzende Straße, welche der Wal zog, nieder stoßend. Nach drei Stunden war der erste Theil der Arbeit vollbracht und unsere Beute, ein reichlich 20 Fuß langer Hyperoodon lag mit Ketten fest verankert zur[linken] Seite des Schiffes. Es ist ein ganz sonderbar gestaltetes Geschöpf. Der starke Kopf besitzt in seinem vorderen Theile eine lange flaschenartige Schnauze, die eine starke Fettflosse erhebt sich auf dem Rücken, und die stark verbreiterte horizontale Schwanzflosse mißt in ihrer größten Breite nahezu 6 Fuß Eine braune, fettig glänzende Haut überzieht den gesammten Körper. Es wurde mir jedoch nicht lange Zeit zur Betrachtung gelassen.

Mit Oelkleidern versehen ging die gesammte Mannschaft an das Abspecken. Zunächst wurde die Stange, welche [dem Thiere] im Nacken saß heraus gezogen, und ich sah bei dieser Gelegenheit, daß es ein gegen 2 Fuß langes zweischneidiges Messer, war, welches dem Thiere den Tod gegeben hatte; dann ergriff der

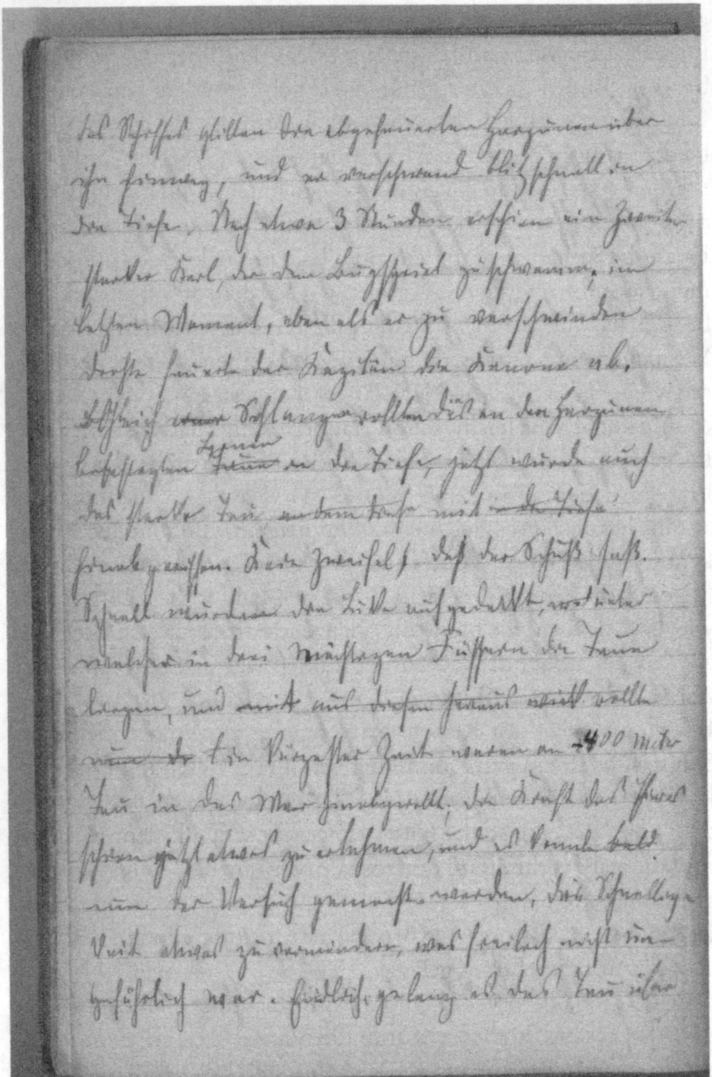

Abb. 3.1 Tagebuch, 3. Mai, S. 10, 11

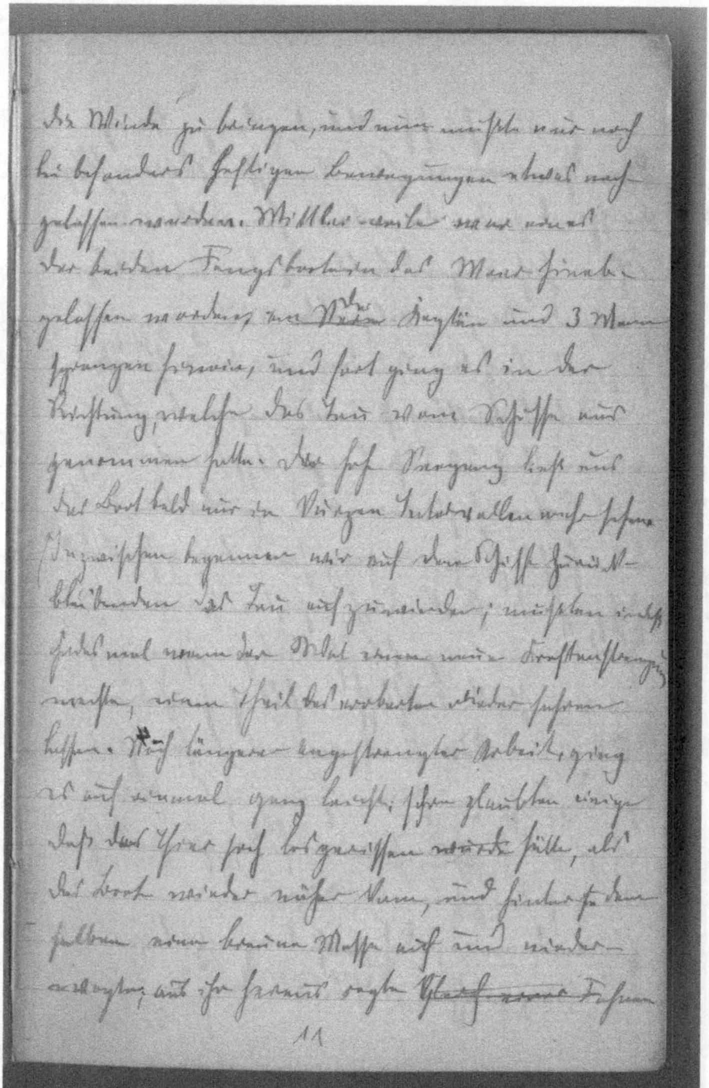

Abb. 3.2 Tagebuch, 2. Mai, S. 12, 13

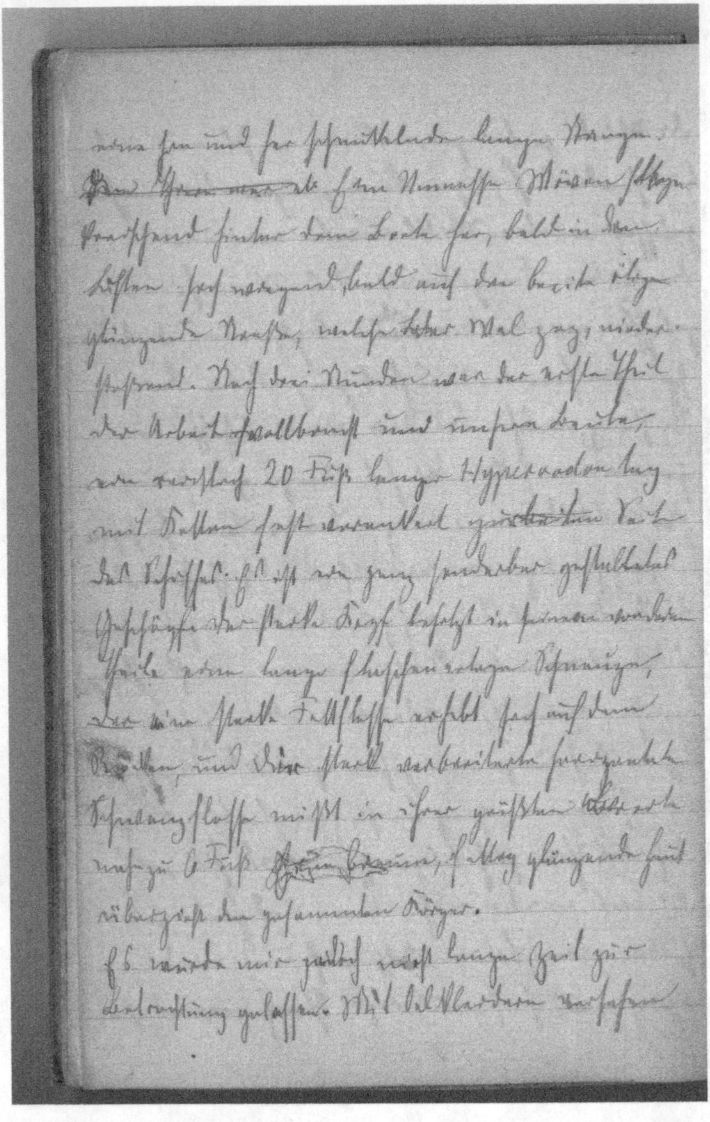

Abb. 3.2 Tagebuch, 3. Mai, S. 12, 13

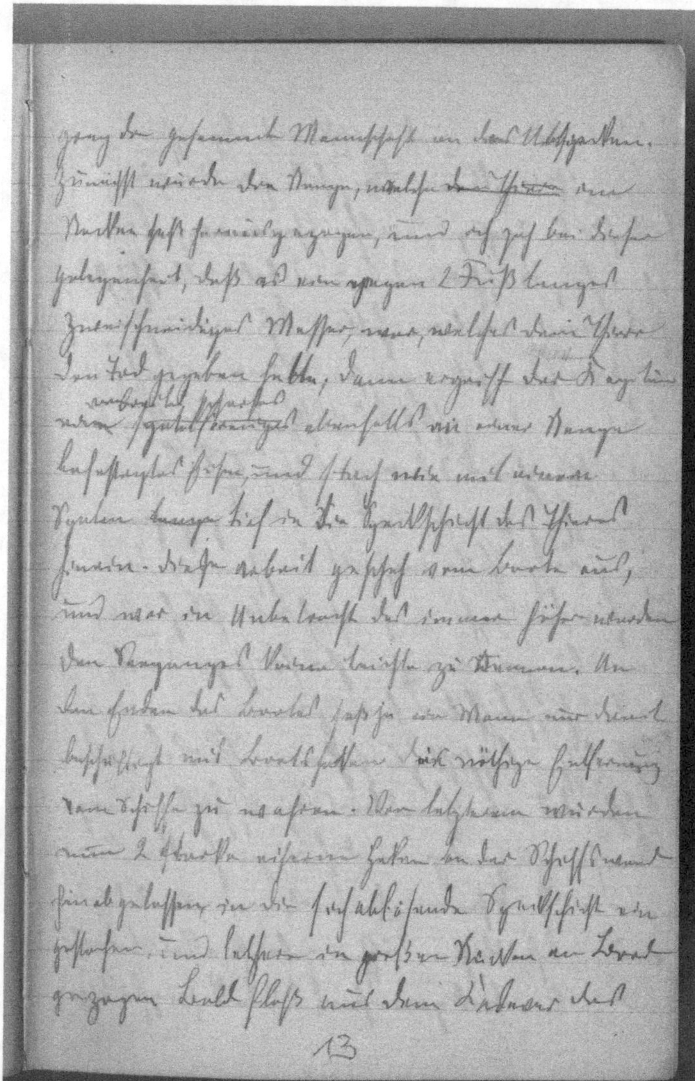

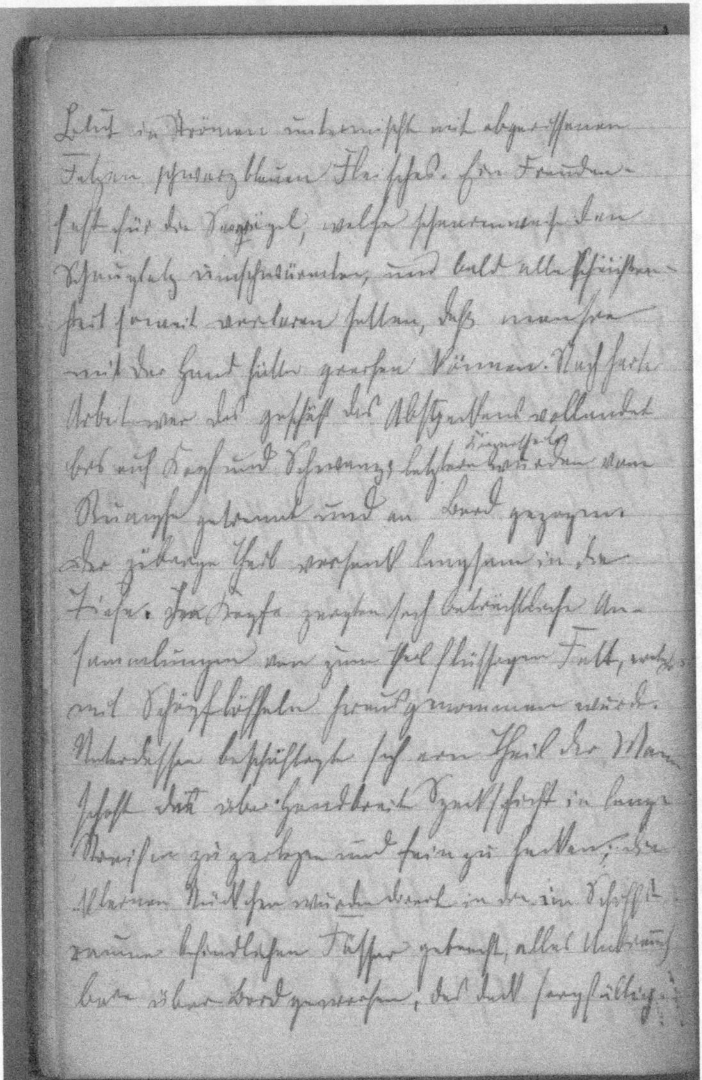

Abb. 3.3 Tagebuch, 3. Mai, S. 14, 15

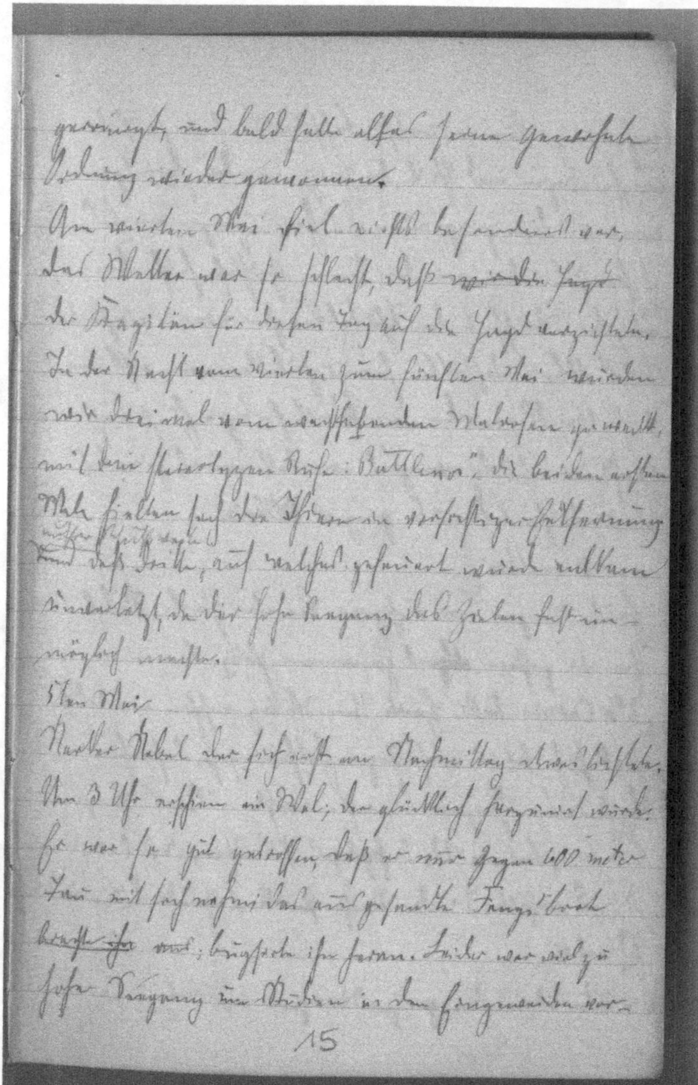
gereinigt, und bald hatte alles seine gewohnte Ordnung wieder genommen.
Am vierten Mai fiel nichts besonderes vor, das Wetter war so schlecht, daß ~~[illegible]~~ die Kapitäne für diesen Tag auf die Jagd verzichteten.
In der Nacht vom vierten zum fünften Mai wurden wir dreimal vom wachhabenden Matrosen geweckt, mit dem [illegible] Ruf: „Butlenos", die beiden ersten Male hielten sich die Thiere in vorsichtiger Entfernung ~~und~~ das dritte, auf welches gefeuert wurde entkam unverletzt, da die hohe Dünung das Zielen fast unmöglich machte.
5ten Mai
Nachts Nebel der sich erst am Nachmittag [illegible]. Um 3 Uhr schossen wir einen Wal, der glücklich harpuniert wurde. Er war so gut getroffen, daß er nur gegen 600 meter Leine mit sich nahm das ausgesandte Fangboot ~~[illegible]~~ [illegible]; bugsirte ihn heran. Leider war viel zu hohe Dünung um [illegible] in den [illegible] vor-
15

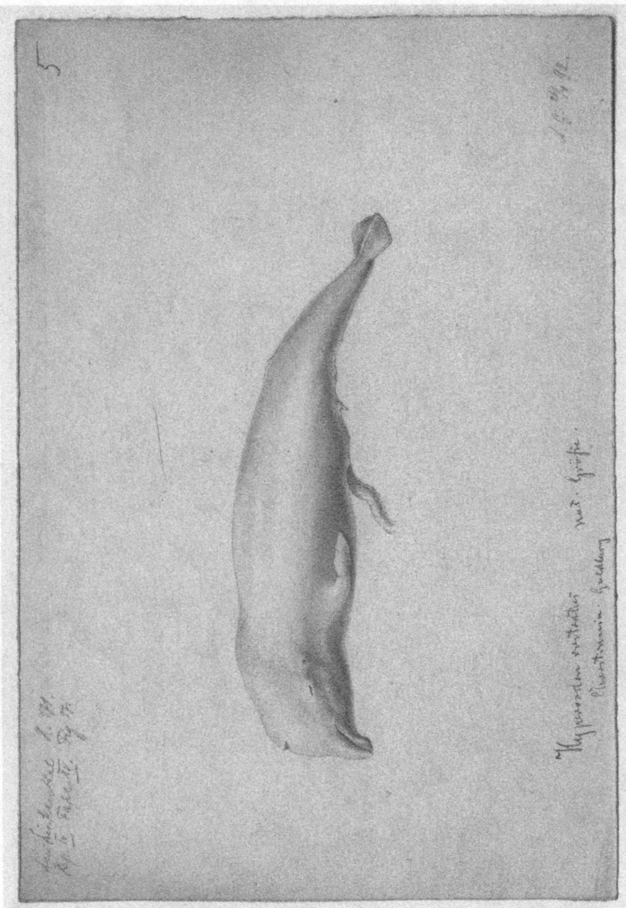

Abb. 4 *Hyperoodon rostratus*, nat. Größe; MfN, HBSB, Bestand: Zool. Mus., Signatur: B X/807

Kapitän ein [spatelförmiges] /vorn breites scharfes/ ebenfalls an einer Stange befestigtes Eisen und stach nun mit einem Spaten [lange] tief in die Speckschicht des Thieres hinein. Diese Arbeit geschah vom Boote aus, und war in Anbetracht des immer höher werdenden Seeganges keine Leichte zu n[t]ennen. An den Enden des Bootes saß je ein Mann nur damit beschäftigt mit Bootshaken die nötige Entfernung vom Schiffe zu wahren. Von letzerem wurden nun 2 starke eiserne Haken an der Schiffswand hinab gelassen, in die sich ablösende Speckschicht ein gestochen, und letztere in großen Stücken an Bord gezogen. Bald floß aus dem Kadaver das Blut in Strömen untermischt mit abgerissenen Fetzen schwarz blauen Fleisches. Ein Freudenfest für die Seevögel, welche schaarenweise den Schauplatz umschwärmten, und bald alle Schüchternheit soweit verloren hatten, daß man sie mit der Hand hätte greifen können. Nach harter Arbeit war das Geschäft des Abspeckens vollendet bis auf Kopf und Schwanz, letztere /Körpertheile/ wurden vom Rumpfe getrennt und an Bord gezogen. Der [z]übrige Theil versank langsam in der Tiefe. Im Kopfe zeigten sich beträchtliche Ansammlungen von zum Theil flüssigem Fett, welches mit Schöpflöffeln heraus genommen wurde. Unterdessen beschäftigte sich ein Theil der Mannschaft die[s] über Handbreite Speckschicht in lange Streifen zu zerlegen und fein zu hacken; die kleineren Stückchen wurden darauf in die im Schiffsraume befindlichen Fässer gebracht, alles Unbrauch bare über Bord geworfen, das Deck sorgfältig gereinigt, und bald hatte alles seine gewohnte Ordnung wieder gewonnen.

Am vierten Mai

fiel nichts besonderes vor, das Wetter war so schlecht, daß [wir die Jagd] der Kapitän für diesen Tag auf die Jagd verzichtete. In der Nacht vom vierten zum fünften Mai wurden wir dreimal vom wachhabenden Matrosen geweckt, mit dem stereotypen Rufe: Bottlenos," die beiden ersten Male hielten sich die Thiere in vorsichtiger Entfernung /außer Schußweite/ und daß dritte, auf welches gefeuert wurde entkam unverletzt, da der hohe Seegang das Zielen fast unmöglich machte.

5ter Mai

Starker Nebel der sich erst am Nachmittag etwas lichtete. Um 3 Uhr erschien ein Wal; der glücklich harpunirt wurde. Er war so gut getroffen, daß er nur gegen 600 meter Tau mit sich nahm, das ausgesandte Fangsboot [brachte ihn aus]; bugsirte ihn heran. Leider war viel zu hoher Seegang um Studien in den Eingeweiden vornehmen zu können, und so beschränkte ich mich auf den Kopf. Augen und Theile der Zunge wurden heraus genommen. Dann ging es an das Herauspräpariren des Gehirns, bei dem mir der Finne Gustaf half. [die] Trotz der Weichheit der Schädelknochen war es ein hartes Stück Arbeit dasselbe heraus zu bekommen, erst um 9 Uhr Abends wurden wir damit fertig. Es ist nicht groß, circa 2 Kilo wiegend; wir bekamen es ziemlich unverletzt. Todmüde ging es tilkois.

am 6ten Mai

Heute Morgen war ruhigere See aber starker Nebel [Ge] die gestern Abend gewonnenen Präp. kommen in 2% Chroms. Kali. [Heute] Um Mittag erschien ein Wal hielt sich aber in vorsichtiger Entfernung, so daß ihn die abgefeuerten Harpunen nicht erreichten. Starke Regen boe eingetreten. Unbehageliges[20] Wet-

[20] Form orientiert an Norw. ubehagelig: unangenehm.

ter, das bis zum Abend anhält. In der Nacht [starke] 2 Grad Kälte und Schneefall.

Am 7 ten Mai.

den ganzen Morgen warteten wir, dh Ingebr. und ich in den Kojen, da das Wetter miserabel war. Es müssen große Eis massen in der Nähe sein Hoher Seegang, in Folge dessen sich kein Bottlenoos sehen läßt. Interessante Beschäftigung das in meine Koje tröpfelnde Wasser mit umgekrempelten Südwester auf zu fangen. Gegen Abend etwas lichter, jetzt (9 1/2 Uhr) beginnt die Sonne aus den dunklen Wolkenmassen hervorzulugen. Schöne Lichtreflexe. In der Bütte, welche hoch oben auf dem Mast[korbe] befestigt ist sitzt ein Matrose und lugt nach Walfischen aus. Sieht von weitem einen großen Wal, der aber sich entfernt; Heute Abend speisten wir Walfischfleisch; es schmeckt nicht schlecht; nur ein klein wenig nach Thran; roh sieht es freilich nicht sehr appetitlich aus, doch das macht nichts. Heute sah ich, daß unser Waschbecken, ein Zinkteller, auch den verschiedensten Küchenzwecken dient. Uebrigens kann ich für reinlich gelten, da ich mich jeden zweiten Tag wasche. Beim Abspecken des letzten Wales habe ich bemerkt, daß es sehr vorteilhaft ist, sich die Hände mit Fett und Blut einzuschmieren, sie bleiben als dann geschmeidig. – Unser Küchenzettel ist nicht allzu abwechslungsreich, speziell das 5 mal in der Woche erscheinende Kjöd[21] mit Poteter ist für kräftige Mägen und Haifischzähne berechnet. Dennoch wird es hinuntergeschlungen. Die Verdauung ist keine ungestörte; was durch den Mangel an Bewegung noch verschärft wird. Wenn es so kalt ist, wie heute ist es kein Vergnügen auf den locus zu gehen, wenn man ein auf dem vorderdeck stehendes Faß mit diesem wissenschaftlichen Namen bezeichnen darf. Schon das Heraufholen des

---

[21] Norw. kjød, kjøtt: Fleisch.

zu diesem primitiven Waterclosett gehörigen Wassers hat seine Schwierigkeiten, kommt dazu noch pfeifender kalter Wind, und Schneeboen, sowie ein Stürzen des Fahrzeugs von einem Wellenberge in das tiefe Thal hinein, /dann wieder hinauf/ so kann man sich von der Schwierigkeit der Verrichtung dieses sonst so einfachen Naturgenusses eine Idee machen. Papas alter Pelzrock ist Gegenstand der allgemeinen Bewunderung, die Hirschhornknöpfe besonders fallen ungemein auf. Nils, der Lappe, fragte mich schüchtern, ob er viel bezahlen müßte, wenn er mir dieses Kleidungsstück abkaufen wollte. Sein eckiges Gesicht wurde ganz rund vor [f]Freude, als er hörte, daß es nach beendigter Tour ohne jede Bezahlung ihm überlassen würde. Nils ist ein tüchtiger, guter Bursche, von ganz ungewöhnlicher Intelligenz. Er versteht sehr gut das wesentlichste der Navigations Kunde, macht selbständig die jeden Mittag aus zu führenden Berechnungen von Höhe und Breite, und springt mit Logarithmen etc um, daß es eine wahre Freude ist. Ich muß viel von Deutschland erzählen. Der Krieg 70/71 speziell interessiert ihn sehr; als ich sagte es wären sicher über 60 Tausend Mann dabei gefallen, suchte er sich diese Zahl zu vergegenwärtigen, indem er sich erinnerte auf den Lofoten, wo er jeden Winter beim Dorschfang beschäftigt ist, einmal so viel Fische auf einem Haufen gesehen zu haben; daß sei freilich eine große Masse. Es lag hierin eine kleine Bosheit, die ich wohl merkte. Dorsch heißt nämlich in Norwegen auch ein nicht gerade dummer aber unkluger Mensch. Die Leute hierzulande haben absolut kein Verständniß dafür weshalb man Kriege führt. – Nils ist jetzt 29 Jahre alt, hat Mutter und Schwester zu versorgen, möchte aber, ein gewiß nicht unberechtigter Wunsch, gerne heirathen. Das aber auch hier im äußersten Norden der Mensch am Gelde hängt, erfahre ich als Nils fragte ob ich ihm nicht ein deutsches Mädchen zur Frau verschaffen könnte; sie müßte aber Penger[22]

[22] Norw. penger: Geld.

haben. Sein Theil ist ein kleiner ga[a]rd[23] mit ein paar Creaturen darin; da nun seine Hütte auf zu bauen kostet aber gegen 3000 Kronen. Zur Verwirklichung seines Wunsches fährt er nun schon seit Jahren im Sommer nach Spitzbergen oder Nowaja Semlja, im Winter zum Dorschfang auf die Lofoten, das ist der südlichste Punkt, zu dem er bis jetzt gekommen ist. Ingebrichtsen ist ein braver tüchtiger Mann von unversieglichem Humor, er freut sich über alles; – dabei ist er sehr fromm, aber wirklich fromm, haßt alles Seelenwesen und Philisterthum, vergißt aber nie, ebenso wie Nils vor und nach Tisch zu beten. Er flucht nie und schimpft nie; dennoch ist er gegen die Mannschaft streng und verlangt pünktlichste Erfüllung aller Pflichten. Sein geistiger Horizont ist nicht gerade umfangreich, aber alles was er sagt, ist einfach, wahr, und trifft den Nagel auf den Kopf. Es ist dies seine 19te Reise ins Eismeer, die zweite auf dem Walfischfang. Es ist bewundernswerth mit welcher Ruhe er die Wale vom Boote aus [tödtet] mit seiner langen Lanze tötet. Er soll ein excellenter Schütze sein; er selbst erzählte mir, daß er über 90 Eisbären geschossen habe.

Am 8ten Mai

Am Morgen war unfreundliches Wetter; etwas gedrückte Stimmung, da sich kein Wal sehen läßt; Wenn wir bis Ende dieses Monats keine gute Ausbeute haben, so segeln wir nach Spitzbergen, um dort nach den Eis verhältnissen zu sehen, und legen uns, falls diese günstig sind, auf Hvidfiskfang.[24] Dann giebt es Gelegenheit zur Eisbären- und Walroßjagd. Am Nachmittag sahen wir einen Bottlenos mit Jungem; beide kamen an das Schiff heran, jedoch so vorsichtig, daß sie sich unter Wasser hielten und

---

[23] Norw. gård: (Bauern)hof.

[24] Konservierte Embryonen von *Delphinapterus leucas,* die Kükenthal bei dieser Fahrt erhält, befinden sich in der Sammlung des MfN.

an Harpuniren nicht zu denken war. Das Wetter ist etwas besser geworden. Wir segeln jetzt wieder langsam nordwestlich. Die Kälte nimmt langsam aber stetig zu, wir haben jetzt -4. R. Es ist ein ruhiges Leben jetzt an Bord, ich studire viel Anatomie. – Von Thieren zeigten sich heute außer den grauen Möven, eine große, weiße, einige Alken, sowie vier kleine, in der Nähe des Eises sich auf haltende Alken auf. – Ingebrichtsen machte mich darauf aufmerksam daß sich im Isefjorde[25] eine Menge Versteinerungen fänden, speziell will ich auf die dasselbst vorkommenden Strandlinien achten.

den 9ten Mai,

Heute ist Sonntag. Starke Kälte, kein Wal zu sehen, deshalb kein rechter Humor. Am Morgen erschien eine Eismöve; ein Vogel der sich nicht weit vom Eise aufhält; die Temperatur des Wassers fällt sehr stark. Im Osten erblickt man einen hellen Streif am Horizont, ein Widerschein des Eises, welches dort vom Nordpol aus sich vorgeschoben hat. Wir machen kehrt und segeln in langsamer Fahrt nach Süden; finden wir dort keine Wale, so [f]gehen wir zu den östlichen Eisfeldern, wo wir die Klapmus eine große Robbe antreffen. Von Vögeln sehen wir heute verschiedene Alken; die große weiße Möve nebst einer Masse grauer; ferner „Snespurv."[26] ein kleines Thierchen, welches von Norwegen nach Spitzbergen reist. (Edderfugler thun dasselbe). Am Abend gab es einige Arbeit, da der Kapitän, da[ß]s Storsejl herunternehmen ließ und ein kleineres an dessen Stelle setzte. Hoffentlich treffen wir bald Wale an.

---

[25] Isfjorden.

[26] Norw. snøspurv: Schneeammer, *Plectrophenax nivalis*.

Am 10ten Mai

Um Mitternacht erschienen zwei Wale, auf welche erfolglos gefeuert wurde. Die hohe See macht das Zielen unmöglich. Am Tage nicht viel besonderes. Gegen Mittag machten wir kehrt und fuhren nach Norden. Wale treffen wir ein paar Mal an, die See ist aber zu unruhig, als daß man etwas ausrichten könnte. Ein Eider[f]vogel begleitet uns die ganze Zeit schwimmend und läßt sich mit Heringsfleisch füttern. [S]Fast den ganzen Tag Schneeböen. Wir werden wahrscheinlich hier umherkreuzen und später einmal das Eis untersuchen. Von wissenschaftl. Arbeiten ist zu erwähnen Umlegen des Gehirns u d. Augen in eine 2 prozentige Chrom Kalilösung; den Tag über Anatomie studirt; am Abend Nils am Steuer abgelöst und mit verändertem Kurs WNW gesteuert. Verschiedene Erzählungen angehört. Kommt ein Walroß mit den Zähnen ins Boot, und versucht, es umzuwerfen, so ergreifen es die Matrosen bei den Zähnen und schieben es über Bord. Es wird nicht harpunirt, gegen Kugeln ist der Schädel undurchdringlich, nur an einer Stelle kann man hineinkommen, am Schläfenbein. Bären werden in den Kopf oder ins Herz geschossen.

11 Mai

Speisezettel

	Mittag	Aften[27]
Montag	Fisk.[28] [grön] Supp. søt[29] og sur[30]. Potet	Kaffee
Tirsdag:[31]	Kjöd[32]. Grønsupp.[33] Pot. Zoetakker med [T]ebler[34]	Cacao
Onsdag:[35]	Fisk. grønsupp. søt og sur Pot.	Thee

Thorsdag:[36]	Kjød. Grønsupp. Potet. Erter[37]	Kaffee
Fredag:[38]	Flesk[39], Ertersupp. Potet	Thee
Lørdag:[40]	Sild[41] Sur og søt Sop[42] Potet. Snedkebønner[43]	Cacao
Søndag[44]	Kjød. Grønsupp. Potet. Multer	Thee

Um Mitternacht plötzlich Kanonenschuß; Nils hatte auf einen Wal geschossen aber leider vorbei. Im Laufe des heutigen Tages ließ sich kein Wal sehen. Darob Betrübniß, Kapitän hatte nicht übel Lust direct nach Jan Meyen zu segeln; vorläufig geht es nordwestlich. Die Temperatur des Wassers fiel in kurzer Zeit von 2 auf 1 Grad. In Folge sitzender Lebensweise bin ich dazu verdammt Rhabarber zu kauen. Nils hält es für eine deutsche Delicatesse und kaut kräftig mit. Wohl bekomms ihm. Anatomie habe ich heute nicht viel getrieben, dafür aber das meteorol. Tagebuch für Privatgebrauch angelegt. Großes Vergnügen am Abend, eine Schaar Lummen um[d] das Schiff herumzujagen, indem alles „dull dull" rief. Die Thiere umkreisten uns wie besessen.

---

27 Norw. aften: Abend.
28 Norw. fisk: Fisch.
29 Norw. søt: süß.
30 Norw. sur: sauer.
31 Norw. tirsdag: Dienstag.
32 Siehe Fußnote 21.
33 Norw. grønsuppe: Gemüsesuppe.
34 Norw. søtsaker: Süßes; eple: Apfel; Süßspeise mit Äpfeln.
35 Norw. onsdag: Mittwoch.
36 Norw. thorsdag: Donnerstag.
37 Norw. erter: Erbsen.
38 Norw. fredag: Freitag.
39 Norw. flesk: Speck.
40 Norw. lørdag: Samstag.
41 Norw. sild: Hering
42 Norw. sopp: Pilz.
43 Norw. snittebønne: Schnittbohne.
44 Norw. søndag: Sonntag.

12 Mai .

Wir segeln mit 3-4 Meilen Fahrt nach Norden. Das trübe Wetter klärt sich im Laufe des Nachmittags auf. /Die/ seit langer Zeit verschwundene Sonne lugt durch die Wolken hindurch. Das Wasser wird kälter, am Abend 0 Grad. In Nordwesten langestreckter Eisblink.[45] Am Abend ist dic Beleuchtung prächtig, die schwarzen Wolkenmassen am Horizont erhalten einen gelben fahlen Schein, das Meer ist ganz dunkel, nur hier und da blitzen weiße Wogenkämme auf. Ein großer Wal zeigt sich am Horizont, verschwindet aber bald wieder. Den Tag über habe ich gemalt, Anatomie studirt, am Abend von 8 1/2–9 gesteuert. Von Peter, einem älteren Matrosen, hörte ich interessante Notizen über den Ho Kjaerring, eine Haiart. Er hat sehr verschiedene Größe, gewöhnlich 8-10 Fuß, wird aber bis 30 u mehr Fuß lang. Aus seiner Leber wird Thran gewonnen (Kapitän erzählte, man habe versucht den Thran als Medizinthran zu brauchen, es ginge aber nicht, keine brf. Qualit.). Große Fische geben 2-3 Tonnen Thran, es sollen sogar bis 8 Tonnen aus einer Fischleber gewonnen werden. Hauptfang Baren eiland.[46] Wir treffen ihn auch in Spitzbergen an. Bottlenos haben wir nun schon lange nicht mehr gesehen, es scheint dieses Jahr wenig da zu sein. Mir thut der Kapitän leid, er büßt viel dadurch ein. Vielleicht finden wir ihn /den Wal/ an der Eiskante. Dann harpuniren wir vom Boote aus, eine nicht ganz ungefährliche Sache. Nach Ingebrichtsens Aussage nähert er sich alsdann dem Schiffe nicht, wie er es auf hoher See thut. Es kann übrigens auch sein, daß es zu zeitig im Jahre ist. Hoffen wir das Beste.

---

[45] Norw. blink: Blitzen.

[46] Barentsøya.

16 Mai

Drei Tage lang bin ich nicht dazu gekommen das Tagebuch weiter zu führen und auch jetzt noch hat es des ungemein hohen Seegangs wegen seine Schwierigkeiten. [A] Das viele Schlafen macht einen neblig im Kopfe. 15-20 Stunden liegt man in der Koje, ein paar Stunden bleibt man auf Deck um frische Luft zu schöpfen. In der Kajüte kann man kaum sitzen, an stehen nicht zu denken, so wird man umhergeschleudert. Da es außerdem noch sehr kalt ist, (der Ofen kann nicht geheizt werden, da der starke Wind den Rauch zurückdrückt) so ist es am besten ruhig in der Koje zu liegen und zu warten, daß es besser wird. [Übrigens ist]

Am 13ten

Morgens wurde ich durch einen Kanonenschuß geweckt, bald darauf hörte ich das gleichmäßige Rasseln und Knarren [des] /von/ Tauwerk, und wußte nun daß wir einen Bottlenos „festgesetzt" hatten. Das Wetter war unfreundlich, Schneeböen und Seegang. Dennoch herrschte an Bord fröhliche Stimmung. Das Harpunirboot wurde heruntergelassen, und da ich vom Kapitän Erlaubniß erhalten hatte mitzufahren, kletterte ich mit den Andern hinein. [die] Es ist ein sonderbares Gefühl wenn man in einem so kleinen Fahrzeug auf den großen Oceanwellen herumpendelt. Bald waren wir ganz hoch, so daß wir unser auf und niederstampfendes Schiff sahen, bald saßen wir tief in einem von hohen Wassermassen umgebenen Thale. Plötzlich zeigte sich vor uns der Wal, der mit seinem dicken Kopfe aus dem Wasser herausragte und gewaltig schnob. Wie ein Blitz fuhr unser Boot auf ihn zu, der Kapitän, der vorn stand ergriff die lange Harpunirlanze, und stieß sie mit Wucht in den Rücken des Thieres ein.

Dieses verschwand augenblicklich in der Tiefe, mit ihm die Harpunirleine, deren allzu raschen Lauf wir allmählig zu hemmen suchten; auf einmal gab es einen Ruck, das vorher straff gespannte Tau war ganz schlapp geworden, und als wir es heraufholten, zeigte es sich, daß wir die Harpune, welche übrigens schadhaft war, /aus dem Wal/ heraus gerissen hatten. Nun begann eine wilde, aufregende Jagd. Zeigte sich das erschöpfte [die] Thier um Luft zu holen an der Oberfläche, so flog unser Boot hinter ihm her. Es mochte aber seinen Gegner wohl erkannt haben, denn so eifrig sich auch unsere Matrosen mit dem Rudern anstrengten, so vermochten wir doch nicht mehr es einzuholen. Waren wir in der Nähe angelangt, so peitschte es mit seinem Schwanz das /blutige/ Wasser hoch auf und verschwand, um an einer andern Stelle wieder aufzutauchen. Ziemlich mißmuthig und erschöpft kehrten wir endlich zum Schiffe zurück, und versuchten als letztes Mittel, das [T]starke Harpunirtau allmählig auf zu winden. Dies geschah in in sehr vorsichtiger Weise, und so wurde das matter und matter werdende Thier in die Nähe des Schiffes bugsirt. Mittlerweile setzten der Kapitän und ich eine alte Donnerbüchse gewaltigen Kalibers in Stand, um damit unserem Opfer den garaus zu machen. Als Geschoß führten wir [de]ein Stück starker Eisenstange ein, welches mit Bindfaden umwickelt wurde. Wir hatten aber auch damit kein Glück, denn das alte Ding ging nicht los. [Er b] Der Wal war unterdessen ganz nahe an das Schiff heran gekommen, und umkreiste es /fortwährend/ mit dem Aufgebot aller seiner Kräfte, [fortwährend] mitunter [das S des M] erzitterte das Fahrzeug von den Schlägen seines Schwanzes. Es blieb nichts übrig als nochmals in das Boot zu steigen, und ihn [mit] zu „länzen" d. h. mit einer langen Lanze die [Körper auch] im Nackentheile [gelegene Körper] aorta /des Rückenmarks/ zu durchschneiden. Das war der aufregendste Moment. Das Thier schoß bald hier bald dorthin, ihm nach das Boot, mitunter auf

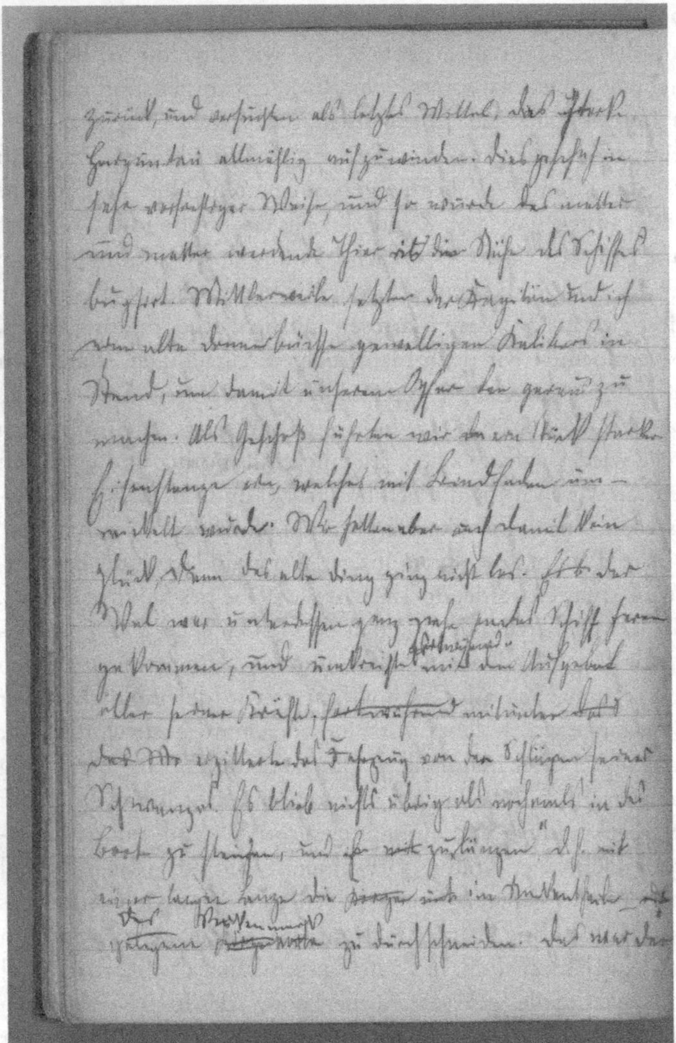

Abb. 5.1 Tagebuch, 13. Mai, S. 30, 31

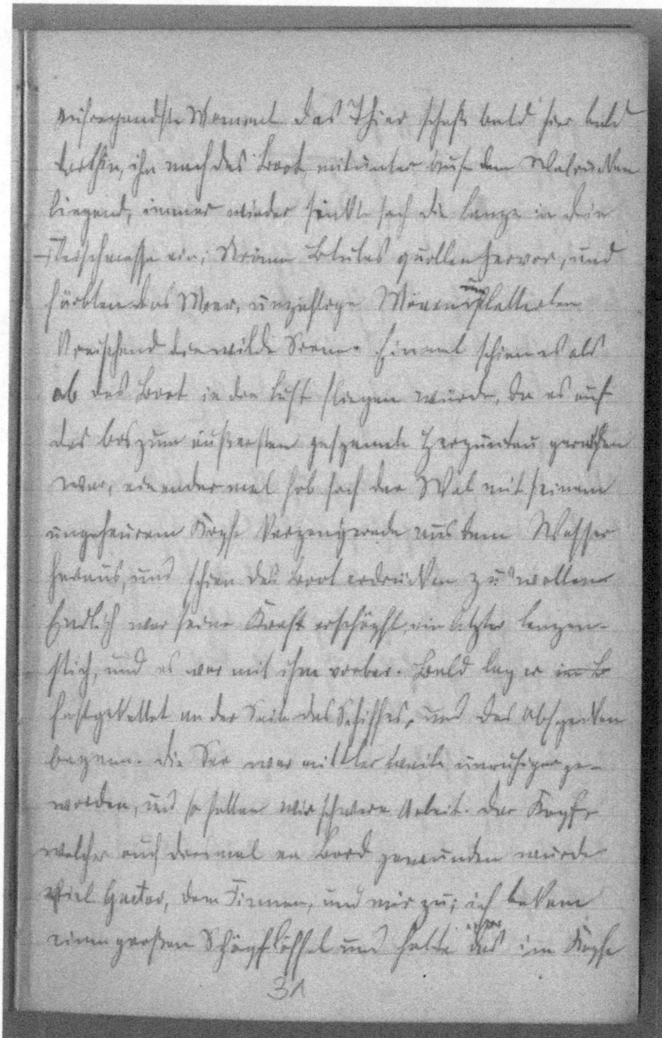

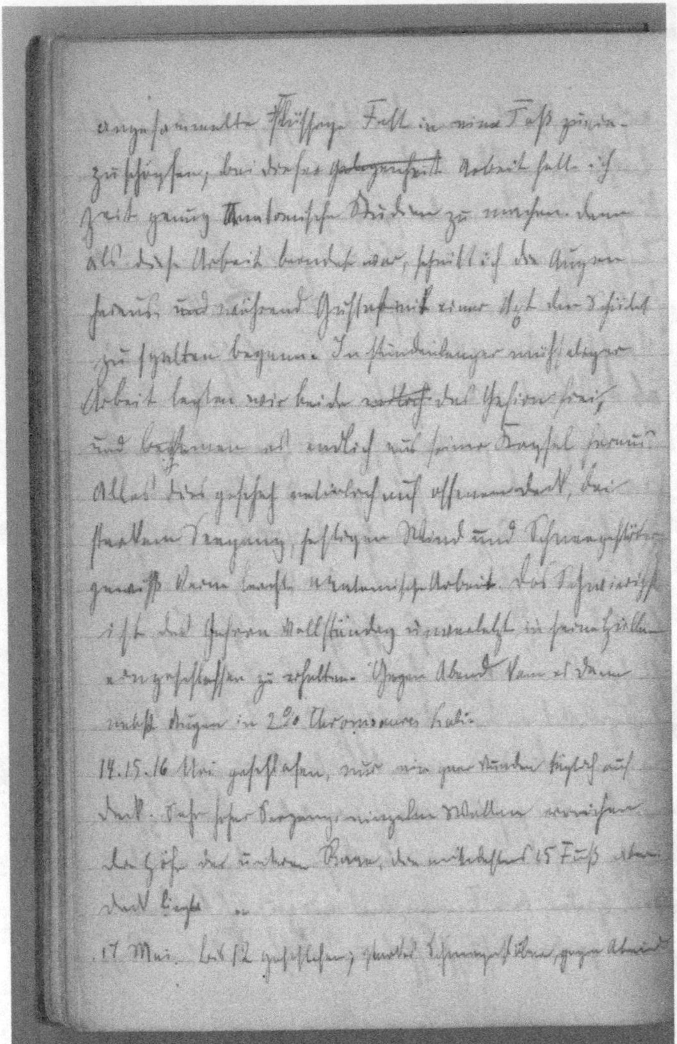

Abb. 5.2 Tagebuch, 13. Mai, S. 32, 33

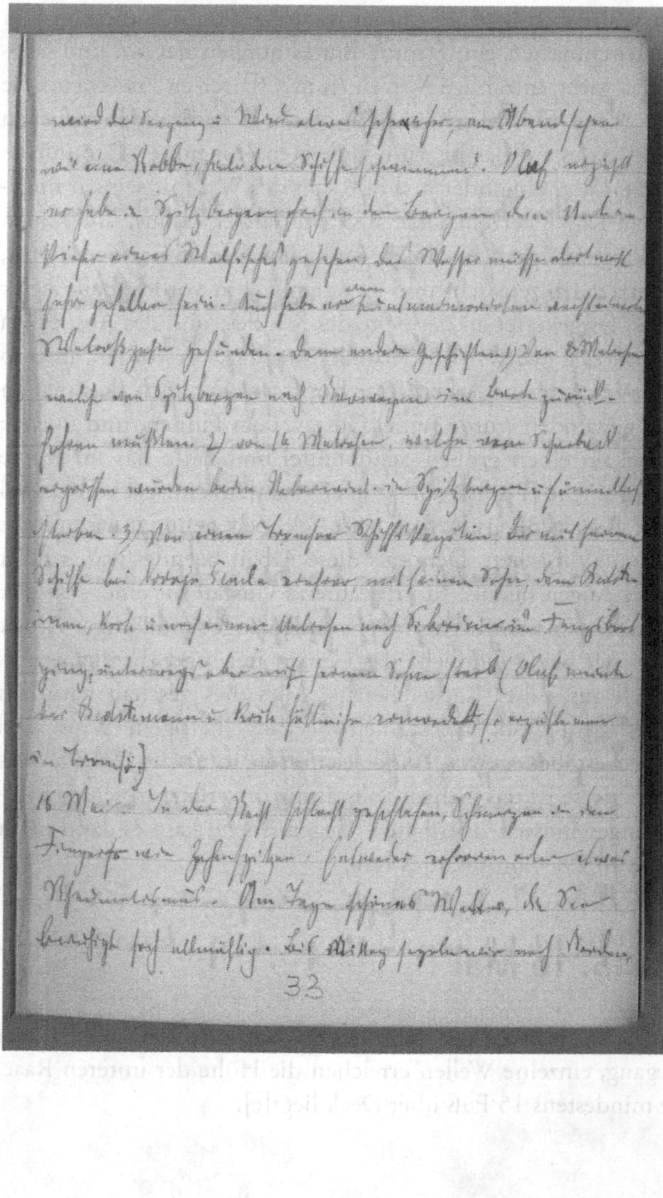

dem Walrücken liegend, immer wieder senkte sich die Lanze in die Fleischmassen ein; Ströme Blutes quollen hervor, und färbten das Meer, unzählige Möven /[um]/ flatterten kreischend die wilde Scene. Einmal schien es als ob das Boot in die Luft fliegen würde, da es auf das bis zum äußersten gespannte Harpunirtau gerathen war, ein ander mal hob sich der Wal mit seinem ungeheurem Kopfe kerzengerade aus dem Wasser heraus, und schien das Boot erdrücken zu wollen. Endlich war seine Kraft erschöpft, ein letzter Lanzenstich, und es war mit ihm vorbei. Bald lag er [im B] festgekettet an der Seite des Schiffes, und das Abspecken begann. Die See war mittlerweile unruhiger geworden, und so hatten wir schwere Arbeit. Der Kopf, welcher auch dies mal an Bord gewunden wurde [v]fiel Gustav, dem Finnen, und mir zu; ich bekam einen großen Schöpflöffel und hatte das im Kopfe angesammelte [F]flüssige Fett in ein Faß [zu] einzu schöpfen; bei dieser [Gelegenheit] Arbeit hatte ich Zeit genug Anatomische Studien zu machen. Denn als diese Arbeit beendet war, schnitt ich die Augen heraus, [und] während Gustaf mit einer Axt den Schädel zu spalten begann. In stundenlanger mühseliger Arbeit legten wir beide [endlich] das Gehirn frei, und [beg]kamen es endlich aus seiner Kapsel heraus. Alles dies geschah natürlich auf offenem Deck, bei starkem Seegang, heftigem Wind und Schneegestöber, gewiß keine leichte anatomische Arbeit. Das Schwierigste ist das Gehirn vollständig unverletzt in seinen Hüllen eingeschlossen zu erhalten. Gegen Abend kam es dann nebst Augen in 2% Chromsaures Kali.

14. 15. 16 Mai

geschlafen, nur ein paar Stunden täglich auf Deck. Sehr hoher Seegang, einzelne Wellen erreichen die Höhe der unteren Raae, die mindestens 15 Fuß über Deck liegt[e].

17 Mai.

Bis 12 geschlafen; starkes Schneegestöber, gegen Abend wird der Seegang u Wind etwas schwächer; am Abend sahen wir eine Robbe, hinter dem Schiffe schwimmend. Olaf erzählt er habe in Spitzbergen hoch in den Bergen den Unterkiefer eines Walfisches gesehen; das Wasser müsse dort wohl sehr gefallen sein. Auch habe er /einen/ bunt marmorirten versteinerten Walroßzahn gefunden. Dann andere Geschichten 1) von 8 Matrosen welche von Spitzbergen nach Norwegen im Boote zurückfahren mußten. 2) von 16 Matrosen, welche von Scharbock ergriffen wurden beim Ueberwintern in Spitzbergen u sämmtlich starben. 3) Von einem Tromsoer Schiffskapitän der mit seinem Schiffe bei Novaja Semla einfror, mit seinem Sohn, dem Bedsteman[47], Koch u noch einem Matrosen nach Sibirien im Fangsboot ging, unterwegs aber mit seinem Sohn starb (Olaf meinte der Bedstemann u Koch hätten ihn ermordet, so erzähle man in Tromsö.)

18 Mai.

In der Nacht schlecht geschlafen, Schmerzen in den Finger[s]- wie Zehenspitzen. Entweder erfroren oder etwas Rheumatismus. Am Tage schönes Wetter, die See beruhigt sich allmählig. Bis Mittag segeln wir nach Norden, dann wenden wir nach Osten um. 2 Robben schwimmen vorbei. [O] Das Meer nimmt eine schwarz grüne Farbe an. Am Nachmittag untersuche ich das Wasser unter dem Microscop. Eine Unzahl feiner gelbgrüner Klümpchen, die aus kleineren Komplexen von [O] rundlichen Zellen [liegen] /bestehen/, welche in eine Gallerte eingekapselt sind. Sie erinnern durchaus an Zooxanthellen, wie sie sich vornehmlich in Radiola-

[47] Siehe Fußnote 17.

rien vorfinden. Außerdem noch einzelne kleine Algen fäden mit sprossenden Enden, vereinzelten Diatomeen, aber keine Thiere. – Die beiden Gehirne, wie die Augen kommen in neue Chromkalilösung. – Kein Wal zu sehen, allgemeine Verstimmung, abergläubische Gesellschaft. Strafe des Himmels etc! Kap. liest den ganzen Tag in Gebetbuch, und summt Choräle vor sich hin. Unbehaglich für mich! Nils weigert sich mir zur Temperaturmessung Wasser heraufzuholen, das könne ich selbst thun; er weiß, daß ich eine augenblicklich fast unbrauchbare Hand habe.

19 Mai.

In der Nacht segelten wir Südost, am Morgen bis 12 Uhr südlich, so daß wir uns nach Berechnung zwischen Bäreninsel und Spitzbergen befanden. Von Mittag an segeln wir in schnellerer Fahrt nach Norden, um nach den Eisverhältnissen zu sehen. Etwas bedeckter Himmel, aber angenehme warme Temperatur. Am Vormittag gemalt, am Nachmittag Claus[48] Zoologie studirt. Gegen Nachmittag sehen wir endlich einen Wal, derselbe war merkwürdig mager, kam aber außerdem nicht zum Schuß. Sind die Eisverhältnisse günstig, so versuchen wir durchzudringen. Das Wasser ist noch ziemlich warm, trotzdem wir uns auf dem 76′ Breiten[l]grad befinden, (+ t. u darüber)

20 Mai.

Etwas neblig, aber ruhige See, mitunter Sonnen schein. Schwärme von großen und kleinen Alken um kreisen das Schiff, oder ziehen nach Norden; mitunter Edder fugler, die in langer Kette

---

[48] Siehe Fußnote 4.

von Norden herüberfliegen. Nachmittag 5 Uhr [nahe] /zeigt sich/ am Horizont ein weißes Pünktchen bald erscheinen mehrere und nach einer Stunde befinden wir uns inmitten schwimmender Eisberge; prächtige Farben vom zartesten Grün bis zum dunkelsten Blau. Die Oberfläche bedeckt mit blendend weißem Schnee. In [f]Folge Abbröckelung und Unterwaschung zeigten sie die seltsamsten Formen. Bald erschienen auch flache Eisfelder, die vom Meere nicht von Gletschern stammten und um 8 Uhr Abends dehnte sich vor uns die ununterbrochene Masse des Polareises aus. Vom Lande nichts zu sehen! Das ist allerdings für uns nicht gerade günstig, da wir nicht wissen wo wir stehen. Infolge der letzten Oststürme sowie der starken Südostströmung sind wir viel weiter nach Westen gekommen als unser Besteck[49] aufweist; es sind nach ungefährer Schätzung 80 Seemeilen Differenz. Die Breite haben wir glücklich durch Sonnen observation erlangt, wir stehen ungefähr auf dem 7[6]7ten Breitengrade. Da wir nicht weiter vorwärts kommen so wenden wir nach Süden.

21 Mai.

Heute war ein interessanter arbeitsvoller Tag. Um 5 Uhr Morgens zeigten sich, Wale, kamen jedoch nicht in die Nähe des Schiffes. Wir steuerten westlich und kamen zum zweiten Male ins Eis. Diesmal viel tiefer hinein, so daß wir nur langsam segeln konnten; das ganze Meer war mit schwimmenden Eisblöcken und Eis feldern bedeckt. Der Kapitän saß die ganze Zeit über hoch oben in der Tonne und spähte aus. Gegen Mittag sah er Robben, welche auf dem Eise lagen. Ein Boot wurde klar gemacht, und unser Harpunir, Nils, mit noch drei Mann zu[m] Robbenjagd beordert. Bald waren sie unseren Blicken entschwunden; man sah und hör-

[49] Norw. bestikk: Besteck, Aufzeichnungen zur Berechnung einer Schiffsposition.

te lange nichts von ihnen, bis sie gegen 4 Uhr wieder in S[s]icht kamen, [das Im Boot war lagen 13 geschossene] mit einer Beute von 13 Robben. Es waren Exemplare der sog. Jan Meyen Robbe, darunter ein paar schöne [B]fette Burschen. Wir schnitten sie auf und zogen Speck und Fell zusammen ab; ich benutzte die Gelegenheit anatomische Studien zu treiben. schnitt den Magen auf, in dem ich eine Masse kleiner Würmer anscheinend Nematoden fand, beraubte eine weibliche Robbe ihrer Ovarien und schnitt 4 Augen heraus. Im Dünndarm, den ich meterlang aufschnitt fand[e] sich nur gelber Speise brei. /später schoß N. li noch eine/ Am Abend speisten wir Robbenfleisch und Robben bouillon, beide recht schmackhaft, nur etwas gar zu sehr gepfeffert. Später wurde conservirt. Die Augen in 2% Chromsauren Kali, die Würmer u Ovarien in Sublimat. Jetzt mache ich mir meine Koje zurecht und schlüpfe hinein.

Den 22 Mai.

Ein für mich glücklicher Tag. Das Meer war spiegelglatt. Die Segel hingen schlaff herunter und wir kamen nicht [f]vorwärts. Allerlei Zeitvertreib. Geschossen. nach Möven etc. dann Auftrieb gesammelt, sehr wenig darin. Am Nachmittag angelten wir /drei bis 4/ Möven mit Speck u einem an einer Schnur hängenden gebogenen Nagel. Wir fingen in wenig Minuten 3, und ließen sie auf Deck spazieren. Sie konnten nicht in die Höhe fliegen und watschelten un behülflich einher. [da wich] sie ausstopfen lassen wollte, so tödtete ich sie und begann das Abbalgen, ließ es aber bald sein, da es eine sehr unreinliche Arbeit ist, und wir in Isefjord[50] eine Masse bekommen werden. Deshalb warf ich sie bald über Bord. Ihre schwimmenden Leichen wurden bald von anderen Möven umschwärmt, welche an ihnen herumpickten aber

---

[50] Siehe Fußnote 25.

nicht um zu fressen sondern augenscheinlich um sie ins Leben zurückzurufen. Kurz darauf kam ein Bartenwal, ein Blauwal in Sicht, derselbe kam in Schußnähe, die abgefeuerten Harpunen glitten aber ein wenig über ihm ins Wasser und er entkam. Dann setzten wir ein Trawelnetz in Stand, indem ein großes Auftriebsnetz mit [St]einem Stück Eisen beschwert [wurde[51] und]. Wir hatten 260 meter starke Schnur zur Verfügung, die wir hinab ließen. [St]Nach einer Stunde holten wir ein und fanden i[h]m Waschwasser des Netzes eine Unmasse Sagitten, Kruster etc. welche wir d. h. der Kapitän u ich mit Glasröhren heraus holten und sammelten. Außerdem fanden sich reichlich die grünen Gallertklümpchen wieder, welche ich als Algen kolonien erkannt hatte. Ein zweiter Versuch war nicht so glücklich, wir bekamen nur wenige Kruster und sehr viel Algen. Unterdessen hatte ich vereinzelte rothe Punkte im Wasser bemerkt: wir stellten ein Fangnetz zusammen und fischten Pteropoden heraus, Clione borealis wahrscheinlich. Alle Thiere wurden am Abend in Sublimat [conservirt] fixirt, und zum Auswaschen in Seewasser gebracht. Spät Abends kam noch eine starke Bottlenosherde in Sicht aber leider nicht näher; wir vermochten deutlich das Rauschen des Wassers zu hören, wenn sie sich mit ihrem Körper aus dem Wasser heraus hoben.

Sonntag d. 23 Mai.

Ein langweiliger Tag. Windstille mit andauerndem Regen. Am Morgen conservirte ich meine Schätze in Alkohol, (der Kapitän hielt Gottesdienst für sich und sang Choräle aus dem Gesangbuch), am Nachmittag hörte der Regen auf, wir fischten einige Pteropoden, untersuchten das Wasser in 50 Faden Tiefe, später in 130 Faden; leider zerriß bei letzterem Versuch das Netz. Sonst nichts besonderes.

---

[51] Unterpunktet.

d 24t. Mai.

Heute Morgen halb vier wurde ein Wal festgesetzt. Die Arbeit ging bei der anfänglich ruhigen See flink von Statten. Ich bekam Magen und Darm des 23 1/2 Fuß langen Thieres zur Untersuchung. Schwere Arbeit. Inhalt: Reste von Sepien sowohl, Arme wie Kauladen und Augen linsen. Merkwürdiger Weise fanden sich keine Eingeweidewürmer. Gustav sägte das Gehirn aus, sowie ein Stück sich daran schließendes Rückenmark, letzeres kam in Chroms. Kali, ersteres in Alkohol. Das Wetter verschlechterte sich sehr bald, Schnee u Hagelboen und hohe See. Mit dem ruhigen Fahrwasser ist es nun vorbei, da wir starken Ostwind haben. Kurze Anmerk Nachsehen im Nierenbecken von Robben: Eustrongylus gigas Im Darm der grönländ. Robbe: Ascaris osculata Nachsehen in Bronchien u Kopfrinne sowieVenen von Hyperood. u Weissfisch nach Pseudalius (Nematode) Pteraster militaris Optioscolex glacialis.

d. 28t.

Mittag. Nun sind schon wieder einige Tage verflossen, ohne daß ich dazu gekommen bin, das Tagebuch weiter zu führen. Die Ereignisse sind kurz zusammengefaßt folgende. Am 25 ten Nachmittags spazierten wir auf Deck und unterhielten uns über dies und jenes. Plötzlich rief der Kapitän aus „da haben wir ja Bottlenos" und richtig ganz nahe am Schiffe tauchten die Körper zweier gewaltiger Gesellen auf[f]. Leider verschwanden sie in der Tiefe um erst ein paar Kilometer vom Schiff entfernt wieder auf zu tauchen. Wir wendeten und segelten nach, holten sie auch glücklich ein und als der eine dicht am Schiff an der Oberfläche erschien, flogen ihm donnernd die Harpunen in den Nacken. Kerzengerade stieg das Thier mit rasender Schnelligkeit in die Tiefe, über

1 Kilometer Tau mit sich reißend. Endlich mußte es doch Luft schöpfen, wir merkten an der Richtung des Taues, daß es sich der Oberfläche näherte und [als] das Boot ging in dieser Richtung ab. Sie fanden aber nicht die Spur, dagegen hörten wir vom Schiffe aus plötzlich ein gewaltiges Schnauben, und sahen unser Opfer ein paar Faden abseits vom Schiffe treiben, das Boot kam mittler weile heran und ein paar Lanzenstiche in das Rückgrat machten dem Leben unseres Buttlenos ein Ende. Das Abspecken ging mit großer Schnelligkeit vor sich und Abends 6 Uhr konnten wir uns zum Abendbrot niedersetzen. Wir waren kaum fertig als der Mann am Ruder wieder „Buttlenos" schrie. Der Kapitän war sofort auf Deck sprang an die Backbordkanonen und feuerte fast in demselben Augenblicke auf die weit vom Schiffe auf tauchende Masse ab. Ein Meisterschuß. Beide Harpunen saßen. Ich bekam Erlaubniß mit ins Boot zu gehen, und lag in demselben hinter dem aufrechtstehenden Kapitän. Bald erblickten wir das auftauchende Thier. [Eine N] Mit einigen Ruderschlägen kamen wir an dasselbe heran. [eine der ge Harpunen f] Der Kapitän harpunirte es mit sicherer Hand; und blitz schnell flogen wir mit dem Boote auf dem Nacken des Wales sitzend davon [das] das war keine Lustfahrt. Blutiger Schaum umsauste uns, von unten erhielten wir heftige Stöße, so daß wir uns anklammern mußten, einzelne Seen schlugen ins Boot, eine Boots planke wurde durch eine heftige Bewegung des Thieres eingedrückt, so daß das Wasser [uns] auch von unten her eindrang; und während dies alles vor sich ging, mußten wir /im Boote liegend/ mit der einen Hand uns an klammernd mit der [Ha] anderen die Harpunleine fest haltend, während der Kapitän vorne knieend, die lange Lanze fortwährend dem Thiere in den Rücken stieß, bis dasselbe kein Lebenszeichen mehr von sich gab. Boot und [F]Wal wurden nun langsam ans Schiff heran bugsirt, und das Abspecken begann. Morgens 6 Uhr war dasselbe beendet. Wir waren nur kurze Zeit in unsere Kojen gekrochen, als ein neuer Wal erschien, der abermals fest gesetzt wurde. Das inzwischen sich im. stürmischer gestaltende Wetter

machte das Tödten und Einholen des Thieres wirklich gefahrvoll; Erst Nachmittag 2 Uhr lag der fette Bursche fest verankert zur Seite des Schiffes. An Abspecken war nicht zu denken, eben so wenig, wie am Morgen des folgenden Tages, erst am Nachmittag konnten wir damit beginnen. Ich beschäftigte mich inzwischen damit Säcke an meine Dredgen zu nähen.

28 ten.

Stürmisches Wetter, eine Landratte würde sagen, großer Seesturm; wir notirten Seegang 5. Viel Schlaf. wenig zu thun.

29 t.

Wind und Seegang stärker, bis Mittag geschlafen. Nachmittag gelesen u gemalt. [l]Leider segeln wir Backbord das große Segel fängt unseren Ofenrauch auf, drückt ihn nieder, u. so haben wir die ganze Zeit über die Alternative in Rauch zu sitzen oder geduldig die Kälte zu ertragen. Wahrscheinlich [k]wenden wir in der Nacht nach Süden um. Ingebr. hat keine Lust schon jetzt an l Land zu gehen, obwohl das bei den aus [nahms] /anscheinend/ weit günstigen Eis verhältnissen noch glücken dürfte, und so muß ich mich in Geduld fassen; Kälte etc ertragen und abwarten bis bessere Tage kommen. Der hohe Seegang ist unbequem. Stehen ist unmöglich, sitzen kann man nur zwischen Tisch und Wand sonst fällt man um; ein wahres Kunststück ist es Mittags die Suppe zu essen, da man den Teller die ganze Zeit balanciren muß. Im Schlafkasten ist es auch nicht sehr behaglich. Die Be[g]tten sind ziemlich feucht, außerdem zieht es ganz infam durch die ganze Höhle hindurch, sodaß ich selbst in meinen Kleidern, 2 Paar Strümpfen etc. friere. Ein Trost ist, daß ich es schon 1 Monat aus gehalten habe so wird es auch die nächsten gehen. Im Juli wird es schon besser werden. Den Humor verlieren wir trotzdem nicht, bei Tisch wird gelacht, daß die Wände zittern. (Geschichte vom Frosch, der mit Schrot gefüllt wurde; Witz von Länge u Breitengraden aus geführt am Käse). – Der Koch ist leider ein rechter Schweinigel; er starrt vor Schmutz nimmt zum Thee immer seifiges Wasser, kocht die Suppe, welche sur[52] og søt[53] ist, mit ranzigem Speck; brennt stets die Suppe an, braucht das Kochgeschirr (2 Kessel und 2 Blechnäpfe) zu allen anderen Verrichtungen, und versteht nichts von der feineren Küche. /z. B. Pflaumen kochen/ Neulich hörte ich allerdings, daß dies seine ersten Kochversuche seien. Die andere Mannschaft nimmt übrigens auch Farben an, welche eine gänzliche Unbekanntschaft mit Seife u Wasser verrathen. Doch das macht nichts.

Sonntag d. 30 t.

Plötzliche Windstille. Der Seegang wird allmählig schwächer. Das Barometer steigt aber leider nicht. Am Nachmittag in 200 meter Tiefe mit Trawel gearbeitet. Fing Unmassen kleiner Kruster, Sagitten, eine Ctenophore von 2 Zoll Länge u einen ebenso langen Krebs. Am Abend conservirt. Wale kamen in Sicht, ein paar mal wurde trotz Sonntagsheiligung darauf geschossen, es traf aber nichts. Kopfweh von all der Choralsingerei: Ein entsetzlicher Tag der Sonntag.

Montag:

In der Nacht 2 mal geschossen, eine Harpune verloren indem der Wal mit ihr davon ging. Am Tage stärkerer Wind. Wenig Wel. Nachmittag D[d]redge säcke angenäht. Cap. scheint keine Lust zu haben, so bald an Land zu gehen.

---

[52] Siehe Fußnote 30.
[53] Siehe Fußnote 29.

Dienstag d. 1 Juni.

Am Morgen (wohl v. Mittag an, da ich nicht eher aufstehe) war schönes Wetter, ruhige See. Trawel [auf] /in/ 20 Meter Tiefe brachte eine Masse Polycyttarien, einzelne Cruster, sowie eine Ctenophore, sämmtliche wurden in Chromsäure fixirt. Am Nachmittag erschien ein Buttle[54], welcher festgesetzt wurde. Ich ging mit ins Harpunirboot, wir fanden aber keine Spur vom Thiere; in[z]dessen wurde auf dem Schiffe langsam aufge[f]wunden und endlich kam unser Wal an die Oberfläche, aber mausetodt. Die Harpune hatte ihm das Rückenmark durchschnitten. Kurz darauf erschien eine Masse Wale, wir hatten aber kein weiteres Glück, und sie verschwanden, wie sie gekommen waren. Der Wal wird jetzt abgespeckt. Ich habe mir die Ovarien aus geschnitten, welche in Chromsäure liegen. Im Uterus fand sich nichts vor. Eine Menge Cruster saßen am Kopfe, sie kamen in Alkohol. Den Spiritus der letzten Trawelresultate habe ich gewechselt. – Das Leben ist sonst das gleiche. Leider müssen wir nun den Thee entbehren, derselbe war zuerst ganz gut, schmeckt aber mit einem Male ganz abscheulich das Fleisch wird auch allmählich ungenießbar, nur der gesalzene Fisch geht an; wir begießen ihn ordentlich mit geschmolzener Butter, so ungefähr $1/8$ Pfund per Mann. An den Kartoffeln merkt man, daß es in Europa Frühling wird, sie fangen an sich herrlich zu entfalten – Jetzt bekommen wir frische Brise aus Nord. Gut für uns, dann geht das Eis vom Lande weg. NB. Am Nachmittag fiel plötzlich die Gaffelsegelraae mit großem Gekrach auf Deck u. brach in 4 Stücke. Glücklicherweise wurde niemand verletzt.

[54] Orthographie entsprechend norwegischer Aussprache.

Mittwoch 2. Juni.

Im Laufe des Tages wurden 2 Wale festgesetzt. Das Wetter klar bis gegen Abend, wo wir starken Nordwind mit Schneeboen bekamen ganz leidlich. Um Mittag herum kam eine Herde von 4 Stück in Sicht, darunter ein ganz gewaltig großer Kerl, nicht so besonders lang (wir taxirten ihn auf 25 Fuß; aber von riesigem Körperumfang; die Stirn war in Gegensatz zu der kaffeebraunen Farbe des übrigen Körpers [h]weißlich grau. Sie umkreisten unser Schiff fortwährend, 3 mal schoß der Kapitän, jedesmal hatten wir Unglück. Ein mal glaubten wir ganz sicher ein Thier fest zu haben, die[e] kurzen, scharfen Wellen schlugen aber die Harpunen in die Höhe, so daß sie über den Rücken glitten. Der vierte Schuß saß endlich. Es war ganz sonderbar daß die Thiere sich durch den starken Knall der ersten drei Schüsse nicht verjagen ließen. Als das Boot auf den verwundeten Wal abgegangen war, sah es sich plötzlich von Walen umringt, welche in nächster Nähe auf und niedertauchten. Besonders einer war darin ganz unverschämt, er folgte dem Boote, als dieses dem Schiffe sich wieder näherte, und zeigte sich auch lange Zeit nachdem der [Wa] todte Wal bereits ans Schiff herangewunden war /Es war jedenfalls das Männchen, da wir einen weiblichen Wal erlegt hatten/ Wir waren noch im Abspecken begriffen als [der] wir wieder zum Schusse kamen u. einen 2ten festsetzten die Arbeit ging nur langsam von Statten, erst Mitternacht waren wir damit fertig. Für mich [ist] war wenig zu thun. In den beiden von mir untersuchten Uteri zeigte sich keine Spur eines Embryo, nur [die] /ein/ Eierst[ö]ock[e] wurde[n] conservirt (Sublimat:) die gestrigen Präp. erhielten neue Chromsäure. Wir werden wohl noch lange Zeit hier herumkreuzen, und das Land erst im Juli sehen.

Donnerstag d. 2ten[55] Juni.

Wind v. NW. Stärkerer Seegang Schneeböen. Nichts neues.

Freitag.

Sturm von Nord. Schneeboen. Auf Deck von 4-12 Uhr Nachts.

Sonnabends [6]5 Juni.

Gott sei dank segeln wir seit 10 Uhr abends mit vollen Segeln nach Spitzb. Am Tag Schneetreiben, Hagelboen kurzum aldeles rusk.[56] Gehirn v. Bottlen. seit gestern in Seewasser.

Sonntag.

Die Freude war etwas verfrüht. Plötzlich eingetretene Windstille, dann schwache See mit wenig Wind hindern uns [vor] der Annäher. des Landes. Wir beginnen deshalb aufs Neue zu kreuzen. An größeren Thieren sehen wir einen großen Wal sowie ein Klapnuss. Die Gehirne sind mit Süßwasser aus gelaugt u. in Spiritus gelegt worden. dsgl. die in Chroms. gehärteten Ovarien. Am Abend dristen[57] wir uns der Kap. u ich mit einem kleinen toddy[58] dem ersten seit unserer Reise. Das Wetter ist verhältnisnism gut. bedeckter Himmel etwas Wind u Seegang, aber kein Buttlenos.

---

55 Das Datum muss lauten: Donnerstag, 3. Juni.

56 Norw. aldeles: ganz, völlig; norw. rusk: ganz garstiges Wetter.

57 Norw. å driste: wagen etw. zu tun.

58 Norw. toddi: Getränk, gemischt aus heißem Wasser und Branntwein oder aus Saft und Zucker.

Montag.

Gut Wetter, aber nichts zu sehen. Boot gezimmert Harpunen geschmiedet etc.

Dienstag.

Schönes Wetter. [Nach] Am Vormittag unwohl. Nachmittag zwei Wale festgesetzt. Ein Gehirn mit Säge Axt u Fingern heraus gearbeitet; den zweiten Buttlenos (24-25 Fuß) versuchte ich zu länzen, es gelang mir aber vorbei, die Lanze drang nur wenige Zoll ein, auch ein zweiter Versuch war nicht besser, der Kapitän mußte dem Thiere den Todesstoß geben. Dieses rammte im letzten Moment dermaßen vor das Boot, daß wir beinahe sämmtlich herausgeschleudert wären. Glücklicher weise wurde das Boot dies mal nicht weiter beschädigt. – Herrliche Bootwacht am Abend. Ueber Spitzbergen goldiger Schnee, leider können wir nur noch es von hinten sehen.

Mittwoch.

Am Morgen ein Wal festgesetzt. stürm. Wetter. Gehirn [herau] in schw. chroms. Kalilösung

Donnerst. 10.

Stürmisch. Wir reisen nordwärts Abends plötzlich Windstille, ein Buttl. festgesetzt bis 2 Uhr morgens gearbeitet.

Freitag 11.

2 Buttle geschossen, trotz hoher See. Bemerk.: Auf Bryozoen zu achten.

Sonnab.

Am Morgen 2 Buttle festgesetzt, den einen auf der Stelle todtgeschossen. Von Mittag an in voller Fahrt auf Spitzbergen. 2 1/2 Stunden am Ruder gestanden. Schön Wetter, viel Wind.

Pfingstsonntag 13 Juni.

Der schönste Tag unserer Reise. Am Morgen Klukken[59] 6. erschien Land am nordöstlichen Horizont. Man sah nur [za] von zartem Rosa angehauchte Bergspitzen mit sonderbar scharfen Conturen. Das war auf einer Entfernung von 80 Seemeilen. Dann trafen wir im Laufe des Vormittags große Massen ziemlich compacten Eises, welche wir in südlicher Richtung umsegelten, um unseren Kurs [öst]liche fort zu setzen. Das Land wugs lang[s]sam aus dem Meere heraus. Was erst nach Inseln aus sah, verband sich nun durch [langsamer her] auf steigende Küstenlinien, und am Nachmittag 4 Uhr waren wir nur noch 20 Seemeilen entfernt. Der Blick auf die Küste reichte durch 2 Breiten gerade vom Torellande bis zur Südroy.[60] Herrliche Berg formen, alles übereist, im Sonnglanze in hellstem Rosa stehend. Viel weiter konnten wir aber nicht kommen ein Gürtel zwar nicht ganz dichten, aber

---

[59] Norw. klokke: Uhr.

[60] Sørkappøya.

doch ziemlich Compacten Eises hüllte die Küste ein und wir mußten nachdem wir ein paar Meilen weite in die schwimmenden Eismassen hineingesegelt waren, wieder umkehren, um[d] mit allen Segeln das hohe Meer möglichst schnell wieder zu erreichen, und uns von Neuem dem mühseligen Walfang zu widmen. Die Farben sind jetzt am Abend über aus schön. Ein Theil der Küstengebirge liegt in blauem Schatten ein anderer strahlt in hellstem Sonnenglanze. Ueber dem nördlichen Polareise liegt der blut rothe Schein der Mitternachts sonne, [währ] von Westen u Süden ziehen langsam schwarze Wolkenmassen herauf; die Luft über dem Lande ist von reinstem durchsichtigstem Grün. Mit schwerem Herzen segeln wir von diesem zauberischen Bilde in die düsteren Nebel des hochgehenden schäumenden Polarmeeres zurück. – (Gehirn des letzten Hyp. mit neuer chroms. Kalilös. waschen

Pfingstsonntag:

Sturm aus Südost. Lee seite unter Wasser in Folge dessen unbehagl. in Koje, in die Wasser hineintröpfelt.

Dienstag

Sturm Südost

Mittwoch

Stürmisch

Donnerstag,

Etwas Sonnenschein, bald aber wieder Sturm

Freitag

Stürmisch. Gehirn wieder in chroms. Kali

Sonnab.

Das Barometer fällt $1/2$ Zoll, am Abend Windstille darauf Nordwind.

Sonntag /20. Juni/

Nordwind, Regen Schnee hohe See. Hexapoden studirt nach Claus.[61] Alle diese Tage schlief ich bis Mittags 12 Uhr und legte mich Abend 11 Uhr wieder hinein in die feuchte Schlafkiste.

Montag.

Wir haben nördlich Wetter u somit gute Hoffnung daß das Land bald eis frei wird, Am Abend sehen wir am Horizont Bergspitzen auf tauchen

[61] Siehe Fußnote 4.

Dienstag 22. Juni

Wir segeln längs des Landes in dichtestem Schneegestöber, nur selten zeigt sich eine Felskante oder ein Schnee feld, [nicht] die meiste Zeit bleibt das Festland in dichte Nebel eingehüllt; man hört deutlich das Brechen der Dünung. Am Abend tritt Windstille ein und wir müssen daher zwischen Bellsund u Isefjorden[62] Anker werfen um nicht durch die Strömung an einen der colossalen gestrandeten Eisberge getrieben zu werden. Treibeis ist fast gänzlich verschwunden. Scrape 30 meter.

Mittwoch 23 Juni.

/Am Morgen Farkoppe[63] geschossen u gegessen/ der herrlichste Tag den ich bisher hatte. wir segeln in die Mündung des Isefjordes[64] ein. Steil aufragende schwarze Felsen, mit unregelmäßig herabziehenden schneebedeckten Rinnen, die höchsten Kuppen theilweise in Nebel der sich bald hebt und alpine Landschaft zeigt. Im Fjorde viel Eis. Wenig festes Eis meist Treibeis, da[ß]s zu wunderlichen Formen auf gebaut u zerfressen ist. Das Fahrwasser wird ganz ruhig, ein leichter Wind treibt uns zwischen den schwimmenden Eisblöcken hindurch. Wir treffen ein Schiff, eine Galeas aus Christiania. 18 Mann 4 Fangs boote, Ingebr. rudert an Bord. Haben schlechte Eis[f]verhältnisse gehabt, 50 Klapmus 500 Smaa Koppe erbeutet. Wir erhalten Renthierlenden als Present[,] ein Zoll dick Speck darauf. Nachmittag 4 Uhr werfen wir an der Küste Anker. Wir liegen nun mitten in schwimmendem Eis, 1 Kilometer vom Lande entfernt Im Boote mit Kapitän ans Land gegangen. Dasselbe liegt voll von Schnee 2-4 meter. Ich versuchte

---

62 Siehe Fußnote 25.

63 Norw. kobbe: Robbe.

64 Siehe Fußnote 25.

allein weiter vorzudringen, mußte aber nach einer Runde umkehren, da der weiche Schnee mich bis zum Leibe hineinsinken ließ. Schoß einen kleinen Vogel. Dann im Boote bis Mitternacht [in]am Strande entlang gerudert; Vögel geschossen etc. Lehmiger [D]Meeres grund, aber Thiere darin, mit einer an Harpunstange befestigten Schöpfkelle fing ich Gephyreen u Anneliden. Im Wasser prächtige rothe Ctenophoren von ansehnlicher Größe, ferner schwarze Pteropoden (Limacina?) Cruster etc. Eine Fülle von Material – Wunderbar schönes Wetter. Um Mitternacht strahlt die hoch am Himmel stehende Sonne mit unsäglichem Glanze. Die Landschaft zu schildern ist unmöglich. Alles schillert in den prächtigsten lichten Farben. [D]Wunderbare Klarheit der Luft. Man sieht viele Meilen weit, bis in den innersten Fjordarm; alles mit scharfen Conturen u Farben. Fortwährend hört man Krachen u Donnern von zusammenstürzenden Eis massen. Die Luft ist in der Sonne ziemlich warm, mindestens 5 Grad, im Schatten nur 1. Erst gegen 2 Uhr gingen wir ins Bett.

Donnerstag, 24. Juni.

Den Vormittag verbrachte ich mit Recognoscirung des Terrains, ohne zu arbeiten, nach dem Ausgange des Fjordes zu findet man 20 Minut. vor der Landstation steinigen Boden bewachsen mit Tang Am Nachmittag unternahmen wir eine Jagdtur nach Green Harbour,[65] einem nach dem offenen Meere zuliegenden Seitenarm des Fjordes. Wir hatten Fangsboot. Vorn der Kapitän als Harpunir [dahin] dann 4 Ruderer, [zu] auf der äußersten Bordkante saß ich. Auf der längs der Küste unternom. Fahrt bemerkte ich eine [a]Anzahl regelmäßiger Strandlinien in bedeutender Höhe. In der Bucht trafen wir Festeis, auf diesem lagen einige 20 Robben, jedoch lang von der [außen] Eiskante nach dem Inneren

[65] Grønfjorden, ein Seitenfjord des Isfjorden.

zu, so daß eine Jagd auf dieselben wenig Aussicht auf Erfolg hatte. [W] 2 Mann marschirten auf die Thiere los und jagten sie in ihre ins Eis gestoßenen Löcher, [da] während wir zu springen und dieselben an der Eiskante erwarteten: Es erschienen nur 3 Stück u. alle zu lang ab, so daß wir nichts aus richten konnten. [Wir ruderten deshalb] [b]Bemerkenswerth war eine Bärenspur im Schnee; doch war dieselbe [wohl] ziemlich alt. Jedoch ist es sehr wahrscheinlich daß wir in der Nähe einen haben, da die Mannschaft der angepiepten[66] Galeas einen Eisbär in der benachbarten Kolbai[67] gesehen hatte. Auf der hart am Strand entlang erfolgenden Rückreise schoß ich einen prächtigen kleinen Strandvogel, u der Kapit. kurz darauf einen zweiten derselben Art; [d]er soll ziemlig selten sein. [Am]

Freitag, d. 26[5]. Juni.[68]

Am Morgen ruderte ich nach der anderen Seite [des] unserer Bucht, und fand ebenfalls steinigen Tangboden; es ist nicht ungefährlich sich der Küste zu nahen. Während ich einen kleinen Vogel schoß löste sich ein mächtiges Stück der senkrecht abfallenden Schneewand von 6 Meter Höhe los und fiel mit Donnergekrach ins Meer. Am Strande fand ich eine junge todte Robbe, die aber schon lange im Wasser gelegen hatte; [Am] Die Entfernungen sind weit größer als man glaubt. Man sieht z. B. einen Fels auf den man zurudert u in 5 Minuten zu erreichen glaubt, aus den 5 Min. werden aber eine halbe Stunde u mehr. Die Stimmen der Mannschaft auf dem Schiffe hörte ich ein paar Kilometer weit ganz deutlich. Einen Berg über die Kolbai taxirte ich auf 1 Stunde Entfernung, derselbe ist über 4 Meilen

---

66 Partizip nach Norw. å pipe: pfeifen.
67 Colesbukta.
68 Das Datum muss lauten: Freitag, 25. Juni.

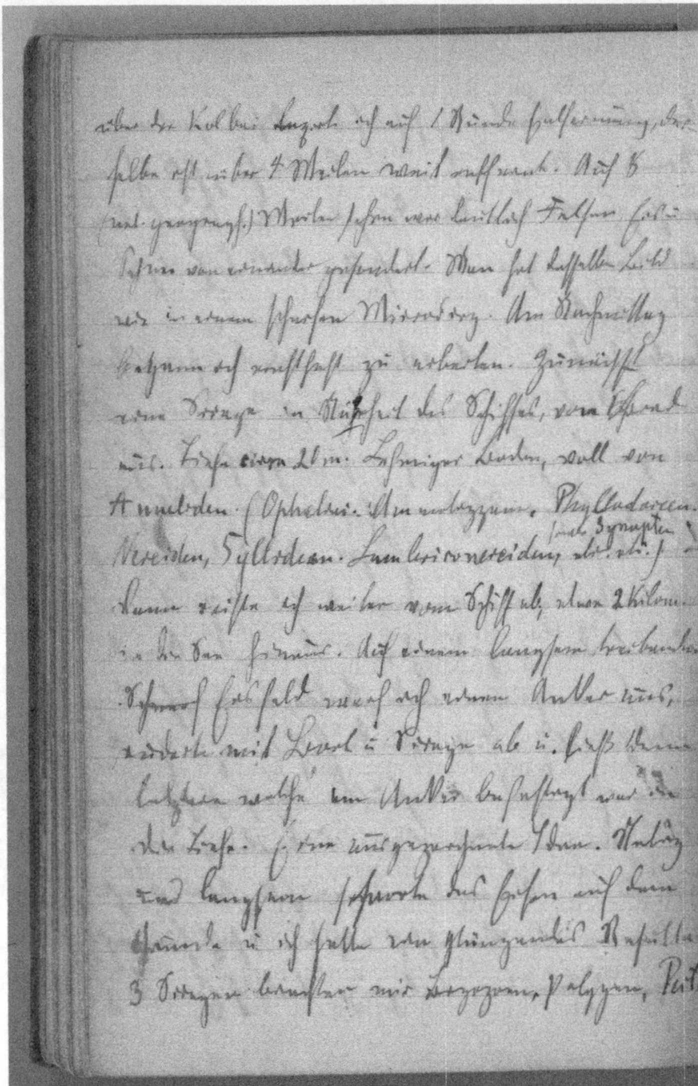

Abb. 6 Tagebuch, 25. Juni, S. 60, 61

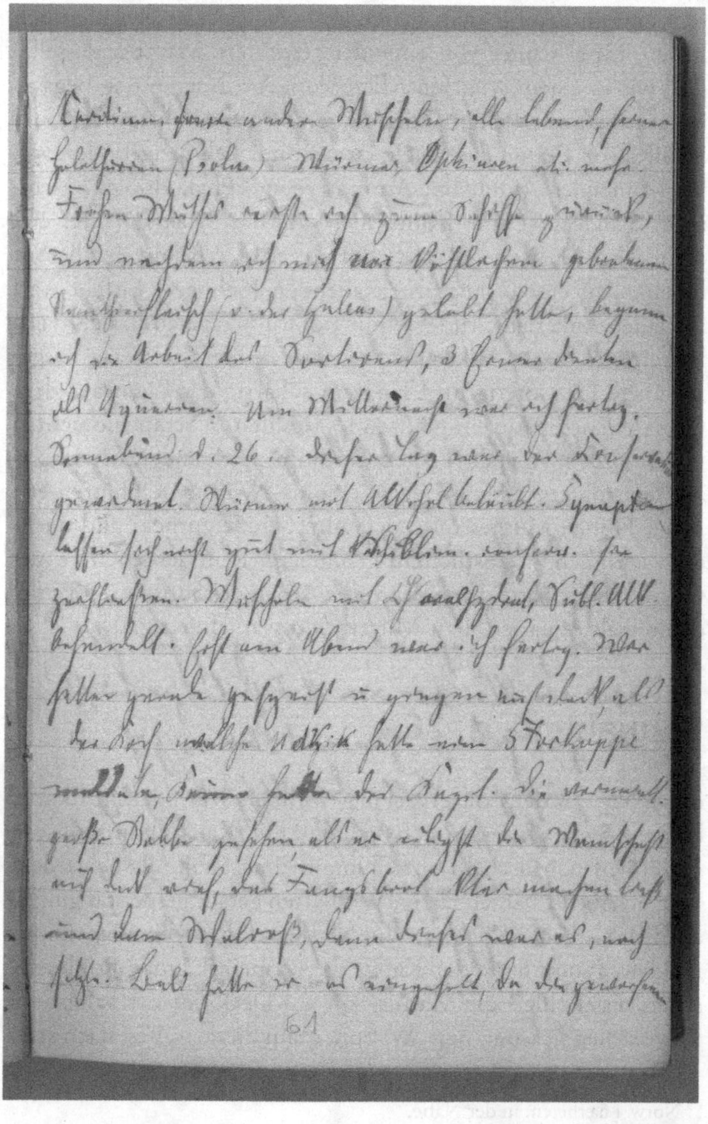

weit entfernt. Auf 8 (nat. geograph.) Meilen sahen wir deutlich Felsen, Eis u Schnee von einander gesondert. Man hat dasselbe Bild wie in einem scharfen Microscop. Am Nachmittag begann ich ernsthaft zu arbeiten. Zunächst eine Scrape in Nährheit[69] des Schiffes von Grund aus. Tiefe circa 20 m. Lehmiger Boden voll von Anneliden. (Ophelia. Ammotrypane, Phyllodoceen. Nereiden, Syllideen. Lumbrironereiden) /ferner Synapten/ etc. etc. dann reiste ich weiter vom Schiff ab; etwa 2 Kilom. in die See hinaus. Auf einem langsam treibenden [Schneef] Eisfeld warf ich einen Anker aus, ruderte mit Boot u Scrape ab u. ließ dann letztere welche am Anker befestigt war in die Tiefe. Eine ausgezeichnete Idee. Stetig und langsam scharrte das Eisen auf dem Grunde u. ich hatte ein glänzendes Resultat. 3 Scrapen brachten mir Bryozoen, Polypen, Pecten Cardium, sowie andere Muscheln, alle lebend, ferner Holothurien (Psolus) Würmer, Ophiuren etc. mehr. Frohen Muthes reiste ich zum Schiffe zurück, und nachdem ich mich an köstlichem gebratenen Renthierfleisch (v. der Galeas) gelabt hatte, begann ich die Arbeit des Sortirens, 3 Eimer dienten als Aquarien. Um Mitternacht war ich fertig.

Sonnabend, d. 26.

dieser Tag war der Conservation gewidmet. Würmer mit Alkohol betäubt. Synapten lassen sich nicht gut mit [Kali]Sublim. conserv. sie zerfließen. Muscheln mit Chloralhydrat, Subl. Alk. behandelt. Erst am Abend war ich fertig. Wir hatten gerade gespeist u gingen auf Deck, als der Koch welche NedKjik[70] hatte eine Storkoppe meldete, Kaum hatte der Kapit. die vermeintl. große Robbe gesehen, als er eiligst die Mannschaft auf Deck rief, das Fangsboot klar machen ließ und dem Walroß, denn dieses war es, nach setz-

[69] Norw. i nærheten: in der Nähe.
[70] Norw. kikke ned: herunterschauen.

te. Bald hatte er es eingeholt, da die geworfenen Harpunen nicht saßen, so griff er zum letzten Mittel zur Büchse. Das Walroß ist nur an zwei Stellen [zu] mit Kugel zu tödten, über dem Auge und im Nacken. Ich stieg in die Wanten, konnte aber nicht viel sehen, nur hörten wir einen Büchsenschuß bald darauf wurde das Boot zwischen dem Treibeis sichtbar, im Schlepptau hatte es das getödtete Thier, da dasselbe zu schwer war, so zogen [si] wir es auf eine flache Eisscholle, und ruderten zum Schiffe zurück, um Messer u Aexte zum Abspecken zu holen, ich eilte natürlich in kleinem Boote zum Eise um das Thier zu sehen. Es war ein kleiner circa 12 Fuß langer Bursche ein zweijähriges Thier, mit kleinen Zähnen aber prächtigem Fell. Das Abspecken ging schnell [f]vor sich, ich bekam Vorder- u Hinterflosse, Penis knochen; [ferner] dann ließ ich den Leib auf schneiden u [fan] untersuchte den Magen; es waren nur halb verdaute Muscheln [etc] andere Meeresthiere darin, keine Parasiten. Vom Kapit. erhielt ich den Kopf mit Zähnen sowie ein Stück Kopfhaut z. ausstopfen, das war ein glücklicher Tag. Ein Walroß glaubte ich nicht sehen zu können, da diese Thiere wenigstens in diesem Küstenstriche sehr selten sind, und sich überhaupt um den Verfolg. der Menschen zu entgehen nach Norden zurück gezogen haben, wo das Eis den Schiffen eine unüberwindliche Schranke bereitet hat. In Franz Josefs Land schoß der Engländer Smith [nur] während seine[s]r Ueberwinterung 30 Walrosse, ohne daß er auf Fang aus ging, nur [dem Fleisch] des Vergnüg halber. Der Walroß fang ist wohl das gefährlichste, da die Thiere äußerst bösartig werden können.

Sonntag d. 27 Juni.

Lange geschlafen, dann eine Tour ins Land mit Kapit. der Fluß [ist] hat seine Fesseln zerbrochen u stürzt [g]mit Donnern ins Meer Wir bemerkten seltsame Vögel, am Sonntag wird aber nicht geschossen. Am Nachmittag zeichnete ich eine Karte des Isefj[71]: 3 fach. Maßstab von NordensK. Karte mit mancherlei Verbess. nach Angaben Ingebr. u eigenem Augenschein. Gegen Abend beginnt eine Masse Eis ins Fjord hinein zu segeln. Hoffentlich kommt nicht allzu viel. Ein großes hoch aufragendes Eisfeld wird mit Gengespill[72] heran gewunden so daß es /auf/ den 14 Meter tiefen Grund auf stieß, und ein Bollwerk gegen Treibeis bildete. (Buttlenos gehirn aus gewässert.)

Montag d. 28. Juni.

Am Vormittag wie Nachmittag bis 4 Uhr habe ich Blechkästen gelothet, eine ziemlich schwierige Arbeit Um 4 meldete der Mann in der Tonne große Eisfelder mit Robben, 36 Stück. Während das Fangs boot zurecht gemacht wurde, benützte ich die Gelegenheit zu einem dredgeausflug. Wir scrapten zuerst in 180 meter Tiefe bekamen aber nichts, da die Scrape zu leicht war u nicht scharrte; Außerdem war unser „Hest"[73] wie Gustav der mich begleitete, das große Eisfeld nannte, auf welchem wir Anker geworfen hatten, ziemlich faul /da kein starker Strom herrschte/. Bald waren wir [außerdem] /zusätzlich/ in dichten Nebel eingehüllt, so daß wir geringe Aussicht auf Erfolg hatten. Wir versuchten trotzdem ein ander mal etwas näher dem Lande in 100 m. Tiefe u. bekamen das erste Mal eine Masse Steine, mit Würmern, Ascidien Ophiuren. Eine zweite dredge brachte /fast/ ausschließlich Thiere, dies mal in Colonien lebend. [Octocorallen] /Synascidien?/ Echinoiden, verschiedene Ascidien, Pecten, sowie Patella auf denselben Hydropolypen. Wir versuchten noch einmal bekamen aber nur wenig, u begannen daher die Rückreise; am Flusse wurde

---

[71] Siehe Fußnote 25.
[72] Norw. gangspill: Ankerwinde.
[73] Norw. hest: Pferd.

frisches Wasser geholt, dann bis Mitternacht conservirt. Der Kapitän hatte 2 Snarte sowie 1 Graue Gans erbeutet, eine Storkoppe so groß wie unser Walroß war leider gesunken.

Dienstag d. 29 Juni.

Wir sind von Treibeis eingeschlossen müssen den Anker lichten u zwischen den Eismassen treiben. Am Vormittag conservirte ich. Am Nachmittag reiste ich mit Gustav aus und dretschte nicht allzu weit vom Schiff in 80 m, zwei Mal. Lehmboden mit Steinen: Muscheln, Clymene, Lumbrironereis, Aricia? Polydoren? Terebellen Capitelliden? Nereiden. Sabella. Muscheln: weiße ferner dann Cypraea? ziemlich groß. kleinen Fisch. wenige Bryozoen. Gastropoden in denen ich in voriger Scrape Paguriden fand, dies mal leb. Thiere, besetzt mit Clava [etc] u. anderen Hydroidpolypen auch ein paar Gephyreen (Parapalas?) /Ophiuren: Ophiolepis roth/ dichter Nebel nöthigte uns zur Rückkehr, wir mußten uns durch die [dichten] /drängenden/ Eismassen hindurch winden. Am Abend etwas conservirt.

Mittwoch 30 Juni.

Am Morgen kam das aus gesandte Boot. Die drei Mann hatten 27 geogr. Meilen rudernd zurückgelegt in 5 Tagen, sie brachten c. 1500 Eier /[u.]/ mit von Edder u Rappgoos[74] mit weißem Ring um Hals. /Außerdem ein paar Säcke dun/. Die Eier haben bedeutende Größe Inhalt mindestens 2 Hühnereier. Wir kochten uns zum Nachmittag /Kaffe/ kringe[75]. Leider ist ein Theil bereits

---

[74] Unklar, welches Tier gemeint ist. Norw. gås: Gans. Nynorsk rapphøns: Rebhuhn, *Perdix perdix*.
[75] Norw. kringle: Kringel.

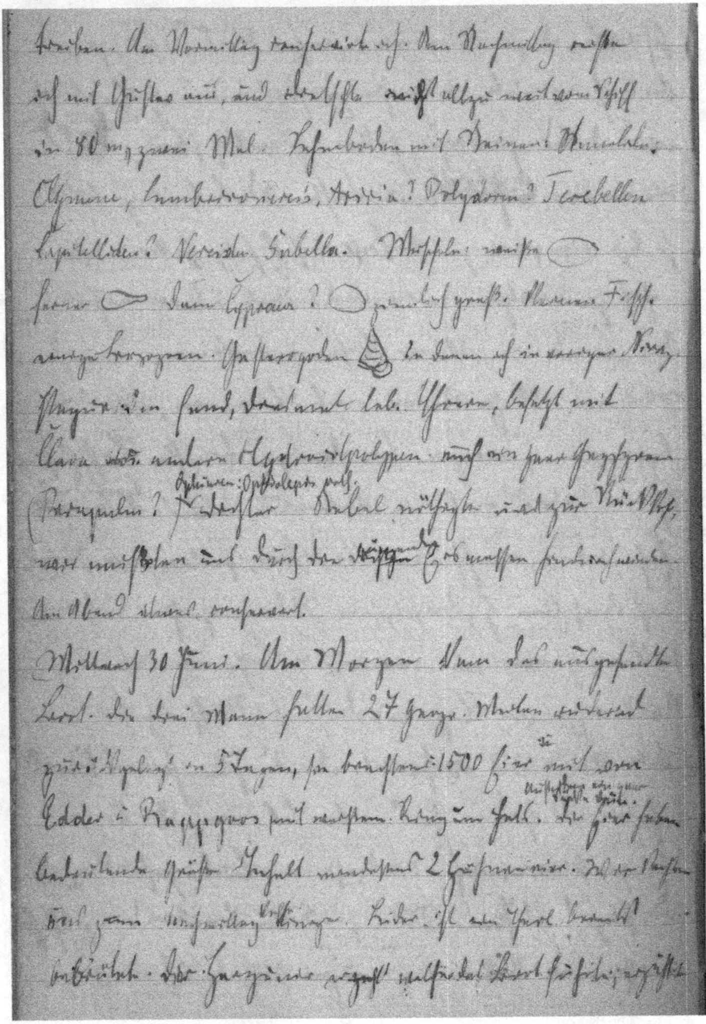

Abb. 7 Tagebuch, 29. Juni, S. 66

bebrütet. Der Harpunir er [zehlt] welcher das Boot führte, erzählte daß sie viel Noth mit Eis gehabt hätten; hoher Seegang dazu Dasselbe Boot ganz kurz darauf mit drei anderen Mann nach 4 Meilen im Norden gelegenen Inseln um dort nachzuspüren. Eigene Arbeit: Vormittag bis 1 Uhr gesichtet, eine abscheuliche Arbeit im Eiswasser bei unfreundlichem Wetter. Darauf Ophiuren untersucht u gezeichnet, ferner microscopirt, conservirt etc etc. bis spät Abends. Halte mich bereit mit der nächsten Expedition auf Renthierjagd in die Kolbai zureisen.

Donnerstag 1 Juli.

Am Morgen in Nährheit[76] des Schiffes gedregt bekam Ammotryp. Siphonostome u Gephyreen etc etc. Am Nachmittag kam das Boot [von] mit 3 Mann von den nördlich geleg. Inseln zurück, sie hatten Sturm, Nebel u Eis gehabt, und brachten nur c. 300 Eier sowie ein paar Säcke dun mit. Nun rüsteten wir uns zu unserer Fahrt. Während dessen hatte ein Hokjärring, der in der Nähe gesehen war, in die ausgeworfene Angel gebissen, u wurde enger gezogen; er war aber nicht fest u wäre sogar in die Tiefe zurück geschwommen wenn ihn nicht der Kapitän schnell harpunirt hätte. Es war ein kleines 2-3 m langes Exemplar, dessen Leber heraus geschnitten wurde, außer dem fand sich im Magen eine halbverdaute Robbe die ebenfalls als gute Beute von uns betrachtet wurde. Mittler weile war unsere Ausrüstung beendet u so ruderten wir 4 Mann stark nach der Kolbai ab. Das war gegen 6 Uhr Abends. Um 9 Uhr waren wir in derselben und fanden Festeis auf welchem wir über 100 Robben zählten. Doch lagen diese so weit innen, daß eine Jagd nicht lohnend erschien. Eine auftauchende Storkoppe wurde vom Harpunir welcher das Commando führte, gut geschossen, sank indessen bevor wir zur Stelle

---

[76] Siehe Fußnote 69.

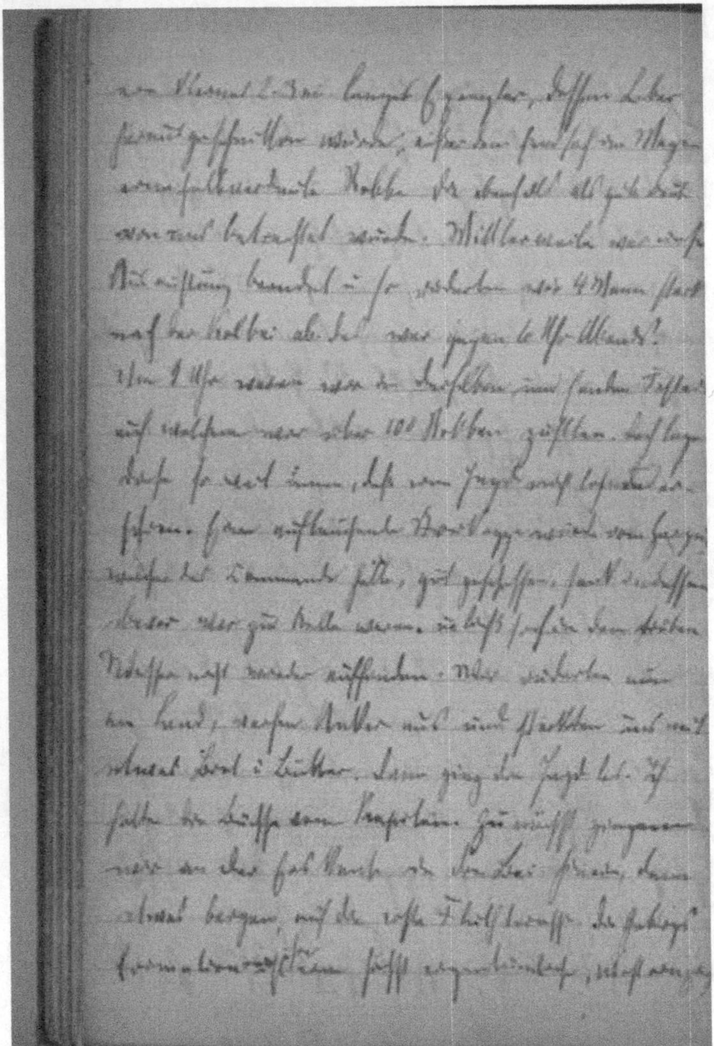

Abb. 8 Tagebuch, 1. Juli, S. 68, 69

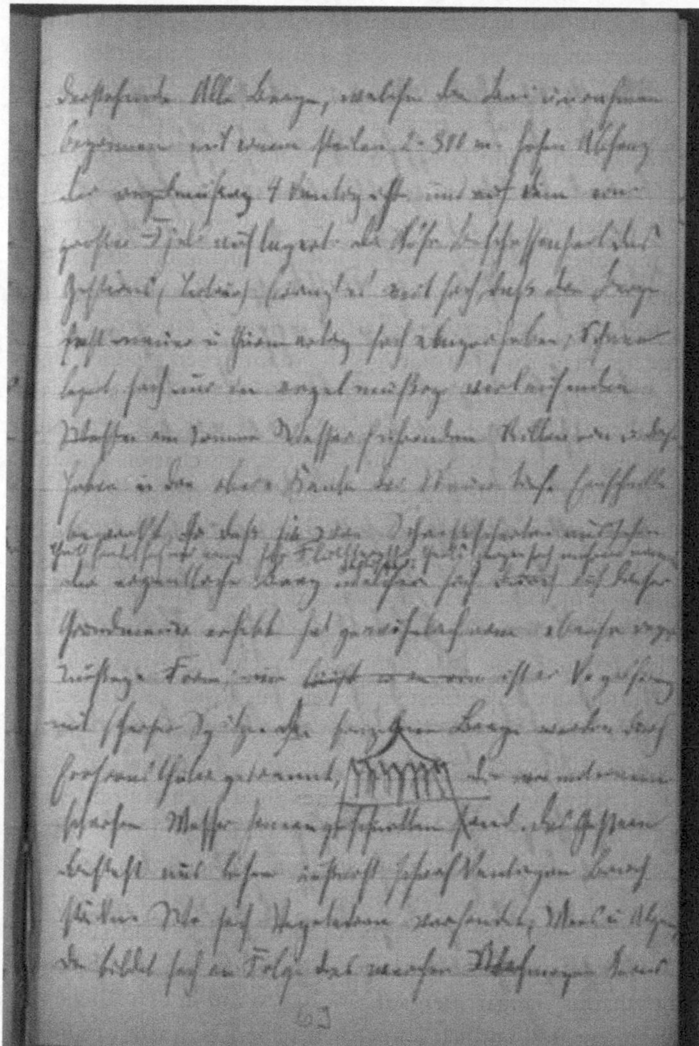

waren u. ließ sich in dem trüben Wasser nicht wieder auffinden. Wir ruderten nun an Land, warfen Anker aus und stärkten uns mit etwas Brot u Butter. Dann ging die Jagd los. Ich hatte die Büchse vom Kapitän. Zunächst gingen wir an der Eis kante in die Bai hinein, dann etwas bergan, auf die erste Fluthterrasse. Die Gebirgsformation ist /hier/ eine höchst eigentümliche, wohl einzig dastehende. Alle Berge, welche die Bai einrahmen beginnen mit einem steilen 2-300 m. hohen Abhang der regelmäßig 4 kantig ist und auf dem ein großer Fjeld auflagert: [die] diese Beschaffenheit des Gesteins (Tertiär) bringt es mit sich, daß die Berge fast mauer u Thurmartig sich empor heben, Schnee lagert sich nur in regelmäßig verlaufenden [Wasser] im Sommer Wasser führenden Rillen ein u diese haben in die obere Kante der Mauer tiefe Einschnitte bewirkt so daß sie wie Schießscharten aussehen. /Theils findet sich nur eine hohe Fluthterrasse, theils zeigen sich mehrere nacheinander abstufend./ Der eigentliche Berg welcher sich [durch] auf dieser Grundmauer erhebt hat gewöhnlich eine ebenso regelmäßige Form; nur [läuft er in ein] ist er kegelförmig mit scharfer Spitze. Die Einzelnen Berge werden durch Eisfirns Thäler getrennt, die [wie] mit einem scharfen Messer hinein geschnitten sind. Das Gestein besteht aus losen äußerst scharfkantigen Bruch stücken. Wo sich Vegetation vorfindet, Moos u Algen, da bildet sich in Folge des weichen [St] lehmigen Steins Morast; Schneefelder, Morast u weiter Stein wechseln mit einander ab. Im Frühjahr, also in dieser Jahreszeit, beginnt der Schnee zu schmelzen u unzählige große u kleine Bäche führen Schlamm u Steine in die Tiefe. Wir stiegen also die erste Fluthterrasse empor, u hielten mit unserm Fernrohr Ausguck; Bald sahen wir unser Wild auf dem höher liegendem Fjelde weiden. Nun ging es in scharfer Gangart bergauf, um den Wind in den Rücken zu bekommen, und endlich kamen wir näher. Nun galt es äußerst vorsichtig zu sein; sobald die Thiere zu äsen begannen sprangen wir in gebückter Haltung vorwärts um uns, sobald sie lauschten [t]platt auf die Erde zu legen. Der Harpunir ging nun weiter vor, bald hörten wir 2 Schüsse u eilten in dieser Richtung vorwärts; am Boden lag [die] verendendes Ren. Ein prächtiges Thier [von] /mit langem/ weiß grauen Horne u kurzen Geweih, da sie jedes Jahr wechseln, es wurde aus geweidet, wobei zu Tage kam, daß es einen Magen schuß hatte, während der erste aufs Blatt getroffen hatte. Ein Magenschuß gilt für etwas [z]sehr unangenehmes, da der gesammte Speise brei heraus dringt und [sich mit dem Blute] das Fleisch verunreinigt. wir reinigten das Innere mit Wasser so gut wir konnten, und ein Mann lud es auf seinen Rücken u trug es herab zum Boot wir drei andern gingen länger auf wärts. Auf dem großen Fjeld nun, welches sich vor uns aus dehnte, u auf welchem sich der Berggipfel erhob, entdeckten wir nur ein einziges Thier; der Harpunir schlich sich heran kam aber nicht zum Schuß, da das Thier [das] Witterung hatte und in munterem Trabe auf wärts eilte, ein Versuch unsererseits ihm den Weg abzuschneiden mißlang gründlich, [und] so da ich mit der größten Anstrengung nur einen kleinen Theil des Weges zurück[ge]legen konnte, den ich hätte machen müssen; der zähe Schlamm sowie der knie tiefe Schnee, machen ein schnelles Laufen beschwerlich. Der Harpunir u sein Mann gingen nun in der eingeschlagenen Richtung weiter, während ich nicht folgen konnte; da ein tiefes Flußbett welches nur mit dünner Schneedecke versehen war, mich von ihnen trennte. Ich begann des halb auf eigene Faust zu jagen, fand aber nur eine ziemlich frische Bärenspur im Schnee, nichts vom Thiere selbst. Da hörte ich über mir [3]2 [s]Schüsse in weiter Ferne, ich ging in dieser Richtung zu u fand endlich Nils mit 2 weiteren todten Thieren; der dritte Mann war auch abhanden gekommen so daß ich schon entschlossen war, selbst ein Ren auf zu laden, als wir unsern Burschen gänzlich erschöpft auf einem Stein sitzend sahen. Wir gingen nun all sammen[77] bergab zum Boot, wo der zuerst zurück gekehrte Mann unterdessen Kaffee gekocht hatte. Das war 3 Uhr morgens. Bald brachen wir aufs

[77] Norw. all sammen: alle zusammen.

Neue auf, fanden in nicht allzu kurzer Zeit ein Renn u sprangen dasselbe an, ich kam zunächst, schoß u fehlte, da ich nur den Kopf mit [g]Geweih über einem Stein sah u die die Kugel zu hoch setzte. Der hinter mir stehende Harpunir schoß und fehlte 3 mal, während das Ren eilig verschwand; wir setzten nun eifrig nach, am schnellsten Nils, der das Thier um jeden Preis haben wollte, bald war er uns so weit voraus, daß wir keine Hoffnung hatten ihn einzu holen. In diesem Augenblicke entdeckte ein Mann ein großes weißes Thier, welches langsam auf einer hoch über uns über hängenden Klippe umher spazierte. Wir hielten dasselbe für einen Polar fuchs, und begannen auf ihn zu jagen. Trotzdem wir mit der größten Vorsicht nachschlichen, kamen wir nicht näher als 3-400 m, da bekam unser Fuchs plötzlich Flügel, und flog als colossaler Vogel mit schrillem Geschrei davon. Wir hatten u haben noch keine Ahnung was für ein Thier das sein kann. Möglicherweise [ist] es ein Geier, jedenfalls ein ungewöhnlich großes Thier. Während wir nun weiter kletterten, entdeckten wir einen andern großen weißen Vogel der auf der andern Seite einer Schlucht auf einem Stein saß, wir umgingen den Bergriss, näherten uns dem Thiere vorsichtig und ich schoß endlich, fehlte aber, das Thier wußte [nicht] augenscheinlich nicht was es machen sollte; ehe es auffliegen konnte feuerte ich ein zweites Mal, sah Federn aufstieben; das Thier verblieb aber ruhig auf seinem Platz erst die dritte Kugel [welche] /durchbohrte/ die Brust [durchbohrte].Wir sahen bald daß wir ein Schneehuhn erbeutet hatten, als ich es näher betrachtete, sah ich, daß die zweite Kugel den Kopf gestreift und das Schädeldach eingedrückt hatte, so daß eine 3te Kugel überflüssig war. Unterdessen hatte Nils ein 4tes Ren geschossen, wir [ha] waren nun für einige Zeit mit Fleisch versehen und beschlossen zurück zu kehren. Am Boote angelangt, speisten wir etwas Brot u. [d]tranken Kaffee u [begannen dann] ich schoß einen prächtigen kleinen Vogel, dann ruderten wir ab. In der Bai warf ich die kleine Scrape aus, fing aber nur ein paar Steine mit Chitonen. Wir ruderten nun ruhig weiter und langten

11 Uhr vormittags am Schiffe an, wo man uns mit V[t]ergnügten Mienen entgegensah; da wir das erste frische Fleisch brachten. An diesem Tage war nicht mehr viel zu thun, wir speisten am Abend [t] eine tüchtige Portion Renthier steak und gingen dann tilkois. [An]

Sonnab. d. 3. Juli

Ein plötzliches Trampeln und Geräusch über meinem Kopfe ließ mich erwachen. Es hatten sich einige Weißfische gezeigt, [d] die Mannschaft war in größter Stille in die Boote gesprungen. Der /Wal/ [sich] war aber bald verschwunden, ohne daß wir Jagd auf ihn machen konnten. Am [Nach] /Vor/ mittag schoß der Harpunir zwei Storkoppen Am Nachmittag [ging] /ruderte/ ich länger aus zum Scrapen. Wir hatten im großen Fangs boot über 500 m. Tau mit; das Resultat war aber kein glänzendes, da der starke Strom die Netze wegriß, nur einmal zog ich aus 170 m Tiefe einige Steine auf, die voll von großen Terebellen waren. [dp] Außerdem fanden sich große Ophiuren ein Solaster ein paar Asterias sowie Echinoiden u Chitonen. Das aufholen der Scrape war ungemein beschwerlich, da ich mit Gustav allein war. Am Abend kehrten wir mit wenig Fang an Bord zurück. Wir speisten köstliches Renthier steak, Eierkuchen, Kaffe und Cageer;[78] ein[e] thympanitisches[79] Mahl. Kaum hatten wir uns gelegt, als der wachhabende Matrose uns weckte u Weißfisch ankündigte die Mannschaft verschwandt in die einzelnen Boote vertheilt, ein Theil ging ans Land um das Netz in weitem Bogen auszuspannen [ein anderer Theil] zwei Boote ruderten ab um den Wa[h]l

[78] Norw. kake: Kuchen.
[79] Eigene Wortschöpfung Kükenthals zu dem Begriff Tympanie: Ansammlung von Gasen in inneren Organen, besonders Blähsucht bei Tieren.

zu [J]jagen, ich erhielt Befehl, an Bord Wache und Nedkjik[80] zu halten. Mit einem Male sah ich ganz [N]nahe am Schiff die weißlichen Thiere schnaubend auf tauchen u [in die] in schneller Fahrt verschwinden. Es waren über 50 Stück, Sie waren nun für uns verloren, da sie sich vom Lande abwanden, darauf versuchte der Kapitän einzu holen aber vergebens, wir hatten für diesmal den Fisch verloren. [Ae] Eine Eis scholle, welche langsam heran trieb trug den Leichnam einer am Morgen geschossenen Storkoppe ich ruderte hin schnitt mit Gustavs Hülfe [den] Magen etc. auf u fand im Magen neben halbverdauten Krebsen u Würmern eine Unzahl Nematoden, welche ich schnell noch conservirte. Erst um 4 Uhr Morgens kam ich in die Koje.

Montag /Sonntag/ 4 Juli.

Ein ruhiger Sonntag mit prächtigem Wetter, das Thermometer stieg auf 6 Grad R. Am Nachmittag ruderte ich mit Ingebr. an Land und wir spazierten an der Küste entlang. Noch sehr viel Treib eis im Fjorde, in der warmen Witterung beginnt es aber zu bersten und wie eine Kanonade hört man das Krachen der zusammenstürz. Massen.

Montag 5. Juli.

Von 8-12 Uhr 3 Scrapen allein. Große Arbeit, wenig [f]Fang. Von 1-5 Uhr 3 weitere Scrapen in Lehmboden, lohnender. Um 5½ Uhr ließ ich mich an Land setzen und ging mit Rifle[81] bewaffnet landeinwärts. [Seh] Tiefer Schnee, z. Th. Morast. 2 Graue Gänse umflogen mich, ich kam aber nicht zum Schuß. In ein Elv thal

---

80 Siehe Fußnote 70.
81 Norw. rifle: Büchse, Gewehr.

abrutschend sah ich 2 Eidervögel auf dem Flusse sitzend, ich versuchte vorsichtig näher zu kommen, und schoß, als sie auffliegen wollten, das graue Weibchen; Beide flogen etwa 100 m weit, ich eilte nach u schoß 2 weitere Kugeln auf das prächtig ge[z]fiederte Männchen dann durchwatete ich den Fluß u holte beide ein u. legte sie in den Rucksack. Gegen 9 Uhr kam ich wieder beim Schiffe an. Nach opulenter Abend mahlzeit conservirte ich bis Mitternacht u. [ging] legte mich zurück in die Koje. Am Abend reiste Nils mit 2 Mann im Boote ab, um eine Ruderfahrt um das ganze Fjord zu machen.

Dienstag d. [5]6t. Juli.

Am Vormittag conservirte ich. Nachmittag scrapte ich mit Ole in 60 m Tiefe mit Mittelscrape u Kelle; wir konnte die Scrape aber nicht auf holen, das das treib. Hest[82] eine zu schnelle Fahrt hatte, setzten deshalb[e] das Tau mit Anker auf ein anderes Eis fest; wobei wir bald Unglück gehabt hätten, da die Eis scholle auf der wir standen zerbrach, dann ruderten wir zum Schiffe zurück, holten 2 Mann zu Hilfe u. brachten die Scrape nach harter Arbeit auf. /das Deck/ [Sie] war voll von Steinen u Mudder, mindestens 6 Cetr. 3 Stunden hatte ich zu fristen, ehe ich fertig wurde. Einige seltene Würmer Pectinarien Nephtys? Hesione? ferner Praxilla?, Ammotryp. Am Abend balgte ich 3 Vögel ab u. [f]conservirte die Tges. Thiere

Mittwoch 7ter Juli.

Ein trüber regnerischer Tag; benützte die Zeit zum Abbalgen von 4 Vögeln.

[82] Siehe Fußnote 73.

Donnerstag 8ten Juli.

Den Vormittag benützte ich zu zwei Scrap touren [d]mit Ole, dieselben brachten aber wenig ein, am Nachmittag reiste ich von Neuem aus, und fand einen sehr günstigen Platz, der Boden war dicht mit Thieren bedeckt, haupt sächlich Balaniten stücke, auf denen alles mögliche hauste. Bis Mitternacht hatte ich mit Conserviren zu thun.

Freitag d. 9. Juli.

Regnerisch. Den ganzen Tag über conservirt, Spiritus gewechselt etc. Es sitzt sich ganz gemüthlich in der kleinen Kajüte. Ingebrichtsen arbeitet aus Walroß zahn kleine Messer, während ich mit meinen Präparaten zu thun habe.

Sonnabend d. 10 Juli.

Am Vormittag scrapte ich einmal vom Schiffe aus und fing Annelid. etc. dann microscopirte ich die Leibesflüssigkeit von Ammotrypane und fand darin eine Unmenge großer und kleiner Eier ferner lymph. Zellen, von entweder zackiger Gestalt oder rundlich fein granulirt, mit amöb. Bewegung und Theilungszuständen. Außerdem noch Turbellaria welche in sehr lebendiger schraub. förm. Beweg. be griffen waren. Dieselben [bestanden aus] mehrere besaßen mehrere tiefe Einschnürungen, so daß sie kettenförmig aus sahen, der vordere Theil lief spitz zu. Im Körper parenchym Oelkugeln. Die Haare waren regelmäßig kreuzweise angeordnet.

Von 2 Am. präp. ich Nervensystem, fixirte 20 Minuten in Ac. Osm. 1% 6 Stunden Aus waschen in aq. dest. darauf Alk. 30°

u 70°. Um 4 Uhr fuhr ich mit Ole aus um unsere Scrape an einen weit im Fjorde lieg. Eisberg zu hängen, das Eis war sehr sehr gefährlich, wir bugsirten deshalb, fingen aber nichts, ebenso ein zweites Mal nur ein paar kleine 6 Armige Asteriden. Wir ruderten nun ganz nahe ans Land u scrapten dort 2 mal, wobei wir Tang u Steine besetzt mit Bryoz. Ast. u Ann. herauf holten. Am Abend hatten wir eine lange lebhafte Unterhalt. Cap. u ich. haupt sächlich über innere Politik.

Sonntag 11. d. Juli.

Am Morgen nahm ich ein ebenso verzückendes wie nöthiges Bad in einem Waschfaß, während der Cap. mit Mannschaft große Eismassen aus dem Netze zu bugsiren suchte. Der Tag verlief ruhig wie alle Sonntage, am Abend wurden die Wachen am Land verdoppelt, indem eine zweite auf dem nach Green H.[83] zulieg. Odden stationirt wurde. Wir machten in kleinem Boot gegen Abend die Runde, ich sammelte einige Pflanzen, dann machte ich eine sehr interess. Beobachtung. Am Strande saß eines [kl.] Möve, (Tenjr) dieselbe begann [l]plötzlich zu kreischen, worauf eine andere Möve derselben Art auf sie zu flog und mit gefischtem Mahl fütterte. – Gegen 1 Uhr Morgens kehrten wir an Bord zurück.

Montag 12 Juli.

Stürmisches Wetter, große Massen Treibeis, rücken langsam heran und erfüllen das Fjord in seiner ganzen Ausdehnung. Ich versuche au[s]f Arbeit aus zu fahren, der Sturm wirft aber mein Boot zurück Lasse mich mit [F]kleinem Boot ans Land setzen um zu

[83] Siehe Fußnote 65.

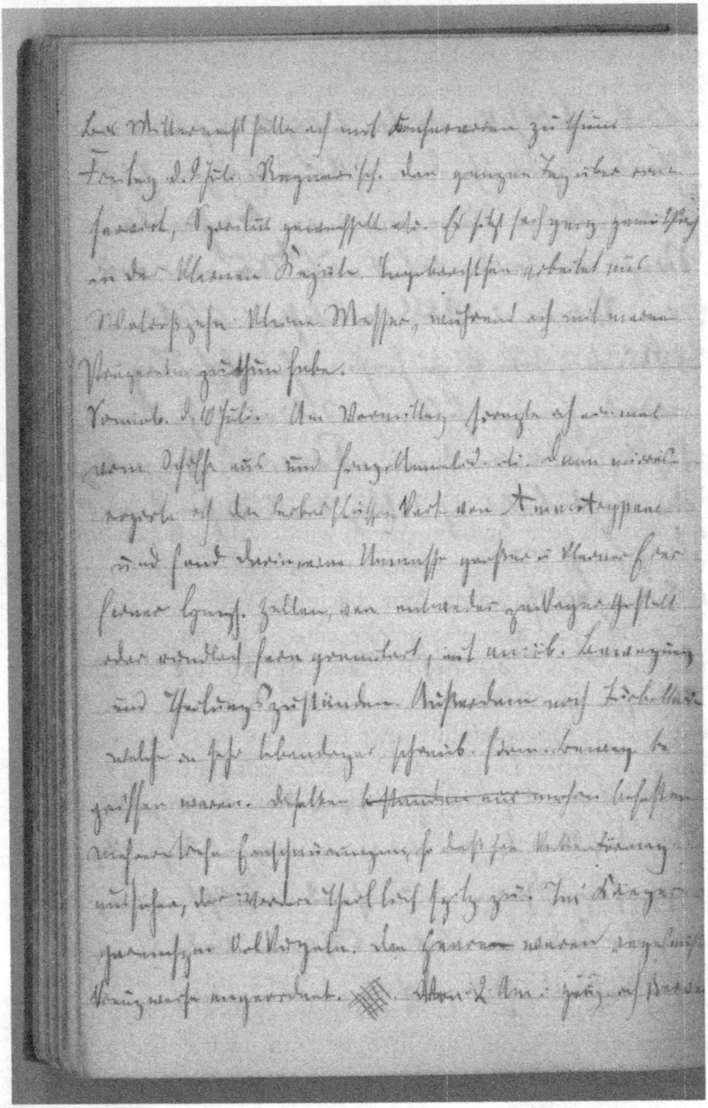

Abb. 9 Tagebuch, S. 80, 81

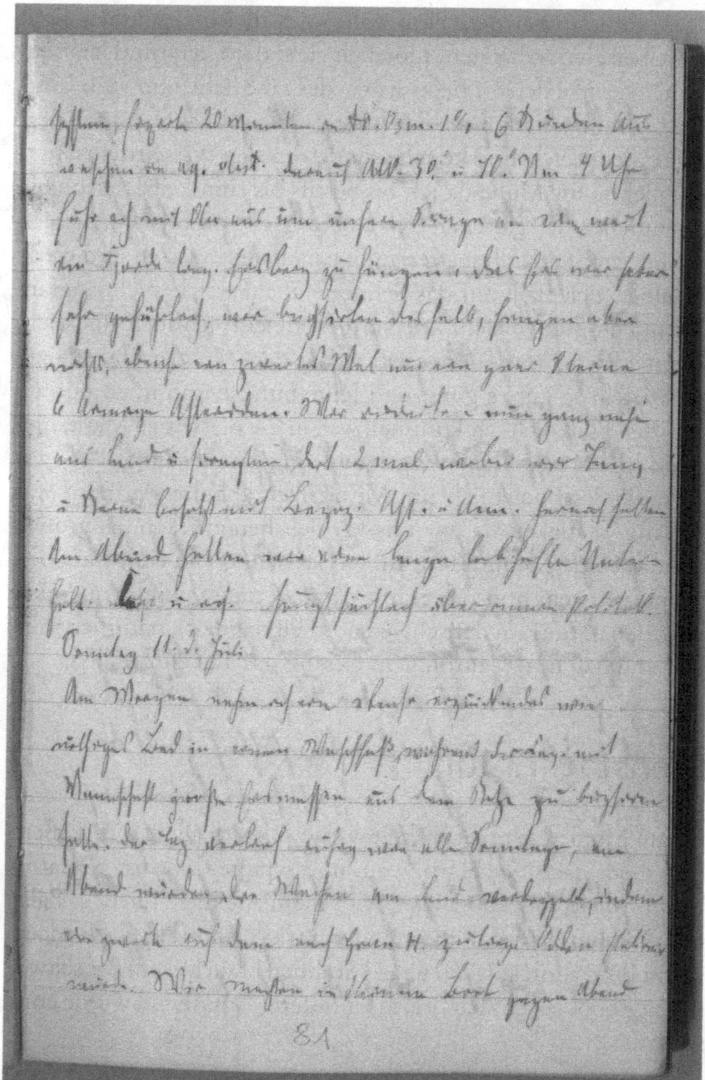

jagen, da ich über den Fluß will, so /will ich/ beginnen [ich] denselben zu durchwaten, plötzlich giebt der Ufergrund langsam nach, ich sinke tiefer u tiefer wobei der zähe Schlamm vorn [mit] /mich/ S hinab stark fest hält, werfe das Gewehr auf ein nahe lieg. kleines Schneefeld und krieche aus den großen Wasserstiefeln heraus, nicht ohne Mühe da ich bis bereits bis zum Leibe versunken bin; nun liege ich glatt auf dem Leibe ergreife die Stiefeln, die sich nur mit größter Kraftanstrengung herausziehen lassen und werfe dieselben gleichfalls auf das Schneefeld, auf welches ich langsam und mit größter Vorsicht krieche dies erreichte ich auch glücklich, wusch mir[ch] mit Schnee ein wenig den Mudder ab, reinigte die Stiefeln so gut es ging, und [eilte nun], begab mich nun da über den Fluß nicht zu kommen war, in die diesseitige Mark, hier schoß ich ein paar kleine Vögel, und ging darauf zum Strande zurück, wo das Boot mich um Mittags zeit abholte. An Bord war lebhafte Thätigkeit da wir uns vor den heranrückenden großen Eis massen bergen mußten, ein großes Schneefeld wurde auf den Strand gezogen, und das Schiff daran vertäut, außerdem Anker geworfen. [Stun] An der schweren Arbeit nahm ich natürlich theil und und half unter eintönigem Gesang das Tau einzuholen.

Dienstag 13 Juli.

Da am Morgen schönes Wetter war so fuhr ich allein mit großem Fangsboot nach Gr. Harb.[84] zu. und scrapte dasselbst 5 Mal in Tiefen von 60 bis 100 Meter, ich bekam Ascidien Terebell. Balanus, kurzum den typischen Boden Erst Nachmittag 4 Uhr kam ich an Bord zurück da ich über 2 Stunden brauchte um das schwere Fangsboot gegen den Sturm zu rudern. Am Abend wurde conservirt.

---

[84] Siehe Fußnote 65.

Mittwoch 14 Juli.

Am Morgen ruderte ich in die Nähe der ersten Wacht und untersuchte dort den Bodten, ich bekam etwas Tang mit Caprell u Py[g]cno[g]coniden. Nachmittag sah ich im Sande nach der längs des [Z]Strandes in 5 /-10/ m Tiefe liegd. fand aber rein nichts. Um 4 Uhr ruderte ich mit Gustav aus, schoß 2 Rickchgans.[85] und fing in 250 m Tiefe eine stark verletzte Crinoide. Eine zweite Scrape in 200 m Tiefe brachte eine Unmasse Thiere herauf. Terebellen, Spongien Balanus, Synascidien. Wir hatten an diesem Tage drei Mann zum Besuch an Bord. Es waren Leute vonn andern Jacht die Tiefer im Fjorde liegt, außerdem liegt noch Naes mit Argaardsscher Galeas in der Kolbai[86], auf Hvidfisk ausgehend, hat aber ebenso wie wir /noch/ keinen Fang.

Donnerstag 15 Juli.

Der Kap. reist mit 4 Mann zu Naes, ich gebe ihm eine Blechkasse[87] u chroms. Kali mit, zur Conserv. etwaiger Embryonen. Konstruire mit Gustav eine Scrape, aus einem Stück abgebrochener Raae, einem Tauende, welches wir auf lösen und alten eisernen Tonnenbändern welche von Russen zeiten her noch am Strande liegen, wir erwarten uns großen Erfolg.

Freitag 16 Juli.

Der neue Fangapparat wird vollends in Stand gesetzt, indem ich Streubündel dazwischen einflechte. Am Nachmittag reise ich mit Gustav u Johan, also den Vertretern Finlands, weit hinaus ins

---

[85] Nicht identifizierbar.
[86] Siehe Fußnote 67.
[87] Norw. kasse: Kiste, Kasten.

Fjord; wir scrapen in 300 m Tiefe, bekommen eine prächtige fußlange Crinoide am Tau sitzend, sowie [andern] einige Seeigel u Ophiuren in der Scrape. 2 weitere Scrapen brachten Crinoide, eine prächtige rothe Actinie, Würmer, Patella, Chiton. Auf der Rückkehr tauchte zwischen den Eisfeldern eine Robbe auf; wir lackten,[88] und als [wir in der S] das Thier in Schuss nähe war feuerte ich meine stärkste Patrone auf den Kopf desselben ab; ich traf [während] wir aber mit größter Schnelligkeit heran ruderten begann der /zuerst auf dem Wasser liegend./ Körper langsam zu sinken, und da wir keine Harpune im Boote hatten, so mußten wir betrübt zusehen, wie unsere Beute in der Tiefe verschwand, wir müssen uns geduldigen, bis die Robben fetter wer[h]den, i es ist ungemein selten, daß man eine im Wasser geschossene Robbe bekommt. – Als wir uns dem Schiffe näherten bemerkten wir zu unserer keines wegs angenehmen Überraschung, daß eine drei bis 4 Kilometer breite Bank von Festeis dasselbe umlagerte, und wir mußten einen großen Umweg machen, u. durften uns zuletzt noch glücklich schätzen /[wir]/ an Bord zu kommen, das Abendbrot schmeckte vorzüglich. (4 Eierkuchen 2 Schiffs brote, circa 1 Pf. Rennthierfleisch, Mulde[89] gröd[90] mit saurer Milch, Kaffee mit Kagens,[91] – hinreichend um eine ganze Familie zu sättigen.)

Sonnabend 17 t. Juli.

Am Vormittag conservirte ich; die Crinoiden hatte ich [vorher] am Abend vorher mit Langscher Mischung getödtet, die Actinie hatte sich entfaltet, wurde mit Tabaks rauch betäubt und in einem Gemisch von 500 gr. 1% Chromsäure 100 gr 1% Ueberosmium. [2]10 gr. Essigsäure fixirt; ein ausgezeichnetes Mittel. Am Nach-

[88] Norw. lakke: langsam werden.
[89] Siehe Fußnote 3.
[90] Norw. grøt: Brei, Grütze.
[91] Siehe Fußnote 78.

mittag reiste ich mit Gustav u Johan aus. [1.] erste Scrape 400 m Tiefe, einige Crinoiden. 2te Scrape 300 m eine Actinie, Chitini. Patelle 3te Sc. 200 m Tiefe eine schöne Crinoide. Mittlerweile hatte sich stürmisches Wetter eingestellt und wir hatten schwere Arbeit uns zwischen den andrängenden Eis massen durch zu winden. Am Abendwurde conservirt. Das Schiff liegt [See] nun segel fertig, da wir in das Innere des Fjordes reisen sollen, doch geht es nicht an, da das Eis das gesammte große Fjordbecken erfüllt hat und immer neue Eis massen am Meereshorizont erscheinen. Es ist für den Kap. ein sehr unglückliches Jahr; da zwischen Eis das [E] Netz unmöglich aus gesetzt werden kann, und das Aus setzen /wohl/ zu spät ist, wenn der Wal kommt.

Sonntag d. 18 Juli.

Bis Mittag schlief ich dann wurde ein bischen conservirt, hierauf ans Land gerudert um zu zeichnen; Regenboen treiben rasch zum Schiffe zurück. Am Abend unternehmen wir d. h. Kap. u ich eine Landpartie auf [die]die nächst gelegene Anhöhe. Wir finden auf dem Wege dahin ein[and] Edderfugl weibchen auf dem Neste sitzend. Dasselbe flog als wir uns näherten auf. und auf [e]das nächste Schneefeld, wo es sich in merklich ergötzlicher Weise krank stellte um unsere Aufmerksamkeit vom Neste ab zu ziehen. In dem Dunneste lagen drei Eier; wir nahmen aber weder dies noch Eier und ließen das Thier ungestört. Oben angekommen [betrach] hatten wir guten Ausblick in das Fjord. Die Eisverhältnisse sind ungünstig. Immer mehr Massen drängen von Süd u West her in das Fjord hinein, welches nur im Nord u Nord ost noch offen ist. Ueber dem draußen auf dem Meere liegenden Eis. lagerte dichter weißer Nebel; dieser allein ist oft sichtbar und verräth die Nähe des Eises. /Ueberdies/ Im Binnenlande zeigte sich eine braunrothe Färbung des Himmels; dieselbe rührt vielleicht davon her, daß die Farbe der blos gelegten Abhänge braun ist, und der Widerschein derselben durch die zurückweichenden Eismassen verstärkt wird. Auf dem Rückweg vergnügten wir uns mit Abrutschen einer etwa hundert Fuß hohen steilen Schneewand, was uns so gefiel,daß wir noch einmal hinaufkrabbelten. Ueber einen Morast konnte ich, da ich in Schuhen war nicht kommen, setzte[n] mich daher auf Ingebrichtsens breite Schultern u ließ mich hinübertragen.

Montag 19 Juli.

Am Vormittag scrapte ich vom Schiffe aus und sichtete bis Nachmittag 4. Uhr. Darauf nahm ich eine sorgfältige Konservation nebst eingehenderen Studien einzelner kleiner Anneliden vor.

Dienstag. 20 Juli

4 Vögel wurden abgebalgt, dann etwas conservirt. Mittag hatten wir einen Gast zu Tisch, den Harpunir von Bartholtim, der mit seiner Galeas in Green Harbour[92] liegt. Es war ein Lappe mit einer ockergelben nur durch Schmutz etwas düsteren Gesichts farbe; er speiste mit großem Appetit unser Rennthierfleisch, dem wir in gekochtem Zustand keinen Geschmack abgewinnen können. Er erzählte von Finmarken, wo er im Frühjahr gefischt hatte. Fürchterliche Stürme (es war in Buttlenos zeiten, hatten mannigfach Unglück angerichtet; der Fang war nicht so schlecht, da eine Masse Sild[93] erschienen war. Am Nachmittag ruderte ich mit Nils aus und scrapte in geringerer Tiefe 8 Mal, wobei wir Caprelli-

---

[92] Siehe Fußnote 65.

[93] Siehe Fußnote 41.

den, u einige im Tang leb. Anneliden fingen. Am Abend ließ ich mir mancherlei über Fang von Walrossen erzählen, derselbe gilt für sehr gefährlich soll jedoch [bed] wenn man gewarnt ist u die Thiere kennt nicht so schlimm sein. Vor ein paar Jahren verunglückte ein Boot in Stor fjorden. Der Harpunir hatte ein Walroß festgesetzt, dieses ein junger kräftiger Ox[94] tauchte plötzlich dicht beim Boote auf, schlug seine Hauer in dasselbe ein, u warf es um, zu gleich sprang es auf den Kiel und hieb rechts u links nach den auftauchenden Menschen; der Harpunir erhielt mehrere Wunden am Rücken, die glücklicherweise nicht tief waren, ein Mann ertrank. Entweder wird das Walroß harpunirt oder geschossen, letzteres nur, wenn man einzelne Thiere trifft u. gut zum Schusse kommt. Ist das Thier mit der Harp. gestochen so springt es in die Tiefe und reißt das Boot mit größter Schnelligkeit [h]voran. Der Harpunir ist ste[h]ts bereit, die[s] [Taus] Harpunleine zu kappen. Ingebrichtsen harpunirte in [wenigen] /vor ein paar/ Jahren ein Walroß nur mit dem Harpunirtau in der Hand. (Gewährsmann Olaf) Nils Olsen mit der später verliesten[95] Jacht sah in der Hinlopenstreite[96] im Jahre 1881 drei[97] Bären auf dem Fest eis; er sandte vom Fahrzeug aus ein paar Mann auf dasselbe um die Bären ins Wasser zu jagen, der eine war bewaffnet mit einem guten Remingtonrifle[98], der andere [g]besaß dagegen einen alten Vorderlader mit Walroßkaliber. Letzterer nun [traf] stieß plötzlich auf einen der Bären, der in einem Schnee loche lag, jedoch so nahe daß er beinahe auf ihn gerannt wäre, der Mann drückte das Gewehr los, dasselbe versagte jedoch u der Bär kam auf recht auf ihn zu. In diesem verzweifelten Augen blicke erhob der

---

[94] Norw. okse: Bulle, Ochse, Stier.
[95] Norw. forlis: Schiffbruch; å forlise: Schiffbruch erleiden.
[96] Hinlopenstrete, Meerenge zwischen den Inseln Spitzbergen und Nordostland.
[97] Tintenfleck.
[98] Siehe Fußnote 81.

Mann die Büchse verkehrt um zu schlagen; während er das Gewehr erhob, fuhr der eiserne Lade stock heraus und dem Bären gerade an seine empfindliche Nase. Das war die Rettung des Mannes; die Bestie machte eilends kehrt und floh ins Wasser, wo sie von den mittlerweile herangeruderten [M]Leuten [vom Schiffe] aus getödtet wurde. Daß die vielen Erzählungen über die Furcht barkeit des Bären übertrieben sind, erhellt aus den [Erzählung] Mittheilungen, welche ich hier an Bord erhalten habe. Ingebrichtsen, der nun freilich hier nicht als Maßstab angenommen werden kann, behauptete, daß es denselben Muth erforderte ein Schaf wie einen Eisbär zu tödten. Die Hauptsache ist daß er ins Wasser gejagt wird, hier kann er seine Kraft nicht mehr so entfalten wie auf dem Lande; freilich darf das Boot nicht allzu nahe kommen, sonst springt er mit einem Satze hinein. Jener Lappe, ein Hammer fester, welcher [10] Bären mit der Lanze erstach während er von seinen eigenen Leuten verlassen wurde beweist dies auf das Schlagendste. Daß der Bär unter Umständen Fahrzeuge besucht, beweist nur seine Freßgier. Auf einem verliesten Schiffe, zu welchem die Mannschaft nach drei Wochen zurück kehrte hausten eine Masse Bären, welche die Speckfässer zum großen Theil geleert [hatten] und alles da bei zerschlagen hatten. Die Eishavsefahrer[99] nennen die Weißbären „Lensman", [100] da er Herr über den Norden ist, Wenn man einen Bärenangreift, so sagt wohl der eine „Nun kommen wir zu dem Lensmann um doch zu stem nen,[101] d.h. verklagen Über Walroßjagd ist zu bemerken, daß es ungemein gefährlich ist, ein Junges /lebend/ in das Boot zu heben. Das Geschrei desselben lockt Walrosse aus großen Entfernungen herbei, die unverzüglich angreifen. Das Walroß zieht sich immer mehr nach Norden zurück, während Storkoppe an der Westküste zahlreicher auftritt.

[99] Norw. hav: Meer.
[100] Norw. lensmann: Polizeichef auf dem Lande.
[101] Unklar, norw. stemme: stimmen, wählen.

Mittwoch den 21. Juli.

[S]Eis umzingelt uns von allen Seiten so dicht, daß man nicht die kleinste Oeffnung findet. Am Morgen wurde conservirt am [Abend] Nachmittag mit Gustav u Johan gescrapt, die erste Scrape erfolgte in [4]66 m Tiefe vis a vis der Fluß mündung. Große u kleinere Steine mit Lehmmudder, kaum Terebellen wohl aber Balanus mit Cynthien Sertularien, Bugula, ferner Ammotrypane in ziemlicher Anzahl, ein paar Pectinerien, sowie andere Anneliden, die zweite Scrape in 46 m Tiefe brachte Lehmmudder mit Synapten etc etc herauf eine dritte u vierte Scrape hart unter Land liefert Steine mit Tang. Von 5-7 1/2 Uhr wurde in dem Eis wasser gesichtet, dann die steif gefrorenen Gliedmaßen etwas gewärmt, hier auf conservirt; die Flemmingsche Misch. eigenen Recepts ist vorzüglich, zur [A]augenblicklichen Fixirung; der andere Theil kam in Sublimat.

Donnerstag d. 22 Juli.

Am Nachmittag [n]stellen wir das Schiff segelfertig, holen das Netz ein und beginnen das Schiff in das Fjord hinaus zu bugsiren. 2 Boote mit gesammter Mannschaft bugsiren, der Kapitän sitzt in der Tonne und kommandirt, ich bin Mann am Steuer. Unaufhörlich schallt es, „lidt[102] Backbord, Stuerbord[103] oder pent so,"[104] so daß die angestrengteste Aufmerksamkeit nöthig ist. Das Eis wird dichter, endlich sind wir aus dem ersten Streifen heraus, haben freies Fahrwasser und eine leichte Brise treibt uns ins Fjord hinaus. Nils mit drei Mann rudert ab um Storkoppe zu schießen. Plötzlich dichter Nebel, jede Spur vom Boote verschwunden,

[102] Norw. litt: ein wenig.
[103] Norw. styrbord: Steuerbord.
[104] Norw. pent så: gut so.

Wir schießen, blasen ins Nebelhorn, alles vergeblich; der Kapitän glaubt nicht, daß das Boot so bald wieder zum Schiffe gelangt, da endlich erscheint es mit einer Storkoppe als Ladung; Vom Horn hatten sie nichts gehört, wohl aber den Knall der abgefeuerten Büchse vernommen und waren dieser Richtung gefolgt. Um Mitternacht stießen wir auf neue Eismassen, vollständig dicht; ein Boot voraus, schlug das Eis klein, wo es ging und bugsirte, wir andern hielten das Schiff so weit es ging von den Eis massen frei, indem wir mit Harpunstange abstießen. Um 3 Uhr Morgens waren wir auch aus diesem Eisstreifen heraus; der Wind flaute und am andern Morgen lagen wir zu erst zwischen Kap Bohemann[105] und Adventbai.[106] Alle Seitenfjorde sind voll von Eis.

Freitag d. 23 Juli:

Am Nachmittag beginne ich zu scrapen, wir werfen eine größere Scrape mit circa 800 m Tau aus, als wir [h] mit Spill[107] auf holen, sehe ich, daß wir viel zu viel Tau aus hatten, daß die Tiefe nur gegen 200 Meter betrug. Steine und Schlamm war der Inhalt; ich fand Alcyonien Astrogonium, und viele Anneliden. Eine zweite Scrape brachte bedeutend mehr, Schlamm, auch hübsche Thiere. Der Kapitän hatte sich unter dessen für die Adventbai[108] entschieden, und gegen Abend warfen wir [A] auf der Westseite vor der Mündung Anker. Sofort begab sich Ingebr mit Boot ins die Bai um die selbe zu umrudern, er bemerkte indessen keinen Fisch darin, Treibeis nöthigte uns am andern Morgen unsern Ankerplatz zu verlassen und, so segelten wir auf der andern Seite über, wo wir von Neuem Anker warfen.

105 Bohemanneset.
106 Adventfjorden.
107 Siehe Fußnote 72.
108 Siehe Fußnote 106.

Sonnab. 24. ten.

Wir liegen in prächtiger Umgebung. Ein gewaltiger Bergabsturz erhebt sich hoch über uns, ringsum merkwürdig geformtehohe Berge. Nils mit 4 Mann rudert in die Bai um Ren zu jagen. /Nachmittag Scrape in Mudder/ Ich begebe mich /Geg 4 Uhr/ mit Kap und einem Mann an Land um zu spazieren. Herrliche Spaziergänge auf den mit blumen geschmückten Matten; über den Fluß der uns von der äußersten Land spitze trennt, wate ich auf Kap. Schultern, da ich nur leichte Schuhe an habe. Der Matrose bleibt im Boote und [peilt] lethet[109] die Küste ab, um zu sehen, ob passender Nahuntergrund vorhanden. Plötzlich winkt er uns und schreit [d]er sähe einen Fuchs am Strande. [der Strand] Über dem Strand erhebt sich 25-20 m hoch ein[e] fast senkrechter Absturz, üwelchen das Thier nicht herübf springen konnte. Wir versuchten ihn lebendig zu fangen, das wir die Waffen im Boote hatten, der schlaue Kerl entwischte uns aber doch zuletzt. Um Mitternacht kam Nils und [p]brachte drei Ren mit.

Sonntag d.25 Juli.

den Vormittag haben wir glücklich verschlafen, am Nachmittag: kletterte ich das Fjeld hinauf, und kam bis dicht unter die Spitze, herab ging ich in einem Kamin, oder viel mehr ich rutschte sprang und fiel die 2 bis 3000 Fuß in weniger als einer Viertelstunde in dieser Wasserwelle herab, eine schnelle Fahrt, man muß nur ordentlich steuern, damit man nicht mit dem Kopfe voran geht. Nils macht sich fertig um die Sassenbai[110] zu besuchen und Ren zu jagen. Ich habe nicht große Lust zu dieser Jagd und denke mehr daran mit Ingebr. in ein Seitenthal auf Jagd zu gehen.

---

[109] Norw. lete: suchen.
[110] Sassenfjorden.

Montag 26 Juli.

Trotzdem das breite Fluß thal sehr oft von unsern Leuten wie von Mannschaft eines andern Schiffes abgejagt war, begaben wir uns doch am Morgen gegen 9 Uhr dorthin; die Jagdgesellschaft bestand aus Kapitän, mir und 3 Mann, an Bord ist also nur ein Matros und der Koch übrig. An Waffen führten wir eine Büchse, ein Gewehr, und jeder sein Messer. [Sat] Der Proviant bestand aus Schiffsbrot und einer Blechbüchse mit Butter zweiter Güte, die in meinem Rucksack Platz fand. Nach 1/2 Stunde waren wir in der inneren Bai angelangt, zogen das Boot aufs Land und begannen unsere Expedition. Das Terrain [t] war flach und sumpfig, in der Mitte Des breiten Thales strömte in vielen Armen der Elv hinab, ein breites, unpassirbares Mudderbett hinderte eine Annäherung. Die Thalwände des circa 20 Kilometer breiten Thales bestanden aus regelmäßig geformten, zuerst senkrecht abfallenden, dann flacher verlaufenden Eisfirns mauern, in circa 2000 Fuß Höhe von einer gewaltigen Randlinie abgeschnitten. Zwischen ihnen dräng[t]en sich Schnee u Eis felder herab, deren Bäche zum Haupt flusse hinab strömen, Massen von Geröll aus scharf kantigen Steinen bestehend, wechseln mit sumpfigen [Matten] mit Moos und Blumen bedeckten Matten ab. Graue breite Streifen bezeichnen weiten Lehmmudder. – In flachen Wellen steigt so das Thal langsam an.

Nachdem wir [so] in schnellem Marsche etwa eine Meile zurück gelegt hatten, stiegen wir auf einen im Thale sich erhebenden Lehmhügel um Ausschau zu halten. Mit großem Fernrohr versehen suchten wir die Landschaft ab. [3]Auf der andern Seite des Flusses erblickten wir endlich 3 Rene, dieselben waren aber, vorläufig wenigstens unerreichbar. Wir setzten unsern Marsch fort, bis wir in ein etwas unebenes, mit Rinnen mit Wasser furchen versehenes Terrain kamen, nun ging es schweigsam mit leisen Schritten vor wärts, plötzlich warf sich der vorangehende Kapitän zu Boden, wir natürlich sofort des gleichen; nicht allzu lang von uns entfernt lag ein kräftiger Ren ochse[111] am Boden sich behaglich aus ruhend. Er hatte uns nicht bemerkt, und so [ging] kroch dann der Kapitän der /in ganzer/ Länge [l]auf dem Boden liegend, vorwärts, jede Vertiefung benutzend; wir warteten lange bis wir einen Schuß hörten. Dann eilten wir der Richtung nach und fanden das Thier, verendend, mit regelrechtem Schusse in der Brust. Es wurde schnell ausgeweidet, dann gingen wir weiter und ließen unsern stärksten Mann zurück um es zum Boote zu tragen. Wir gingen lange ins Thal hinein ohne etwas zu sehen, bis wir drei Rene an dem Abhange wei[t]dend erblickten. Nun sollte ich mein Glück versuchen. In gebückter Stellung springend, kriechend, an Wasser läufen entlang kletternd, jedes noch so kleine Versteck benutzend kamen wir näher und näher. Zuletzt ließen wir unsere Kopf bedeckung zurück und [rollen] bewegten uns [lan] ganz auf den Seiten liegend mit Ellbogen und Knieen vorwärts Nun waren wir in Schuß nähe; langsam erheben wir die Köpfe und sehen 2 derselben [die] ziemlich unruhig auf und nieder springen in etwa 50 meter Entfernung, also ganz schußgerecht. Ich bekam die Büchse, zielte lange in dieser unbequemen Haltung, drückte ab, der Schuß versagte aber, nun waren die Thiere durch das Knacken ganz unruhig geworden, schnell schob der Kapitän eine andere Patrone ein, ich schoß nach dem am weitesten entfernten, welches zu erst zu verschwinden drohte; dasselbe brach augenblicklich zusammen. Nun galoppierte das andere [B]bergauf. Ingebrichtsen schoß und streifte vorn die Brust, so daß es stürzt[zt]e, von Neuem aber raffte es sich auf und sprang davon. 2 weitere Schüsse waren [zi]schnell abgefeuert und gingen zu hoch, dann zielte er aber bedächtig, und nun brach [d]auch das andere Thier im Feuer zusammen; es war das ein brillanter Schuß auf so weite Distanz. Nun eilten wir zu unsern Opfern, machten ihnen schnell mit un-

---

[111] Norw. okse: Bezeichnung für das männliche Ren.

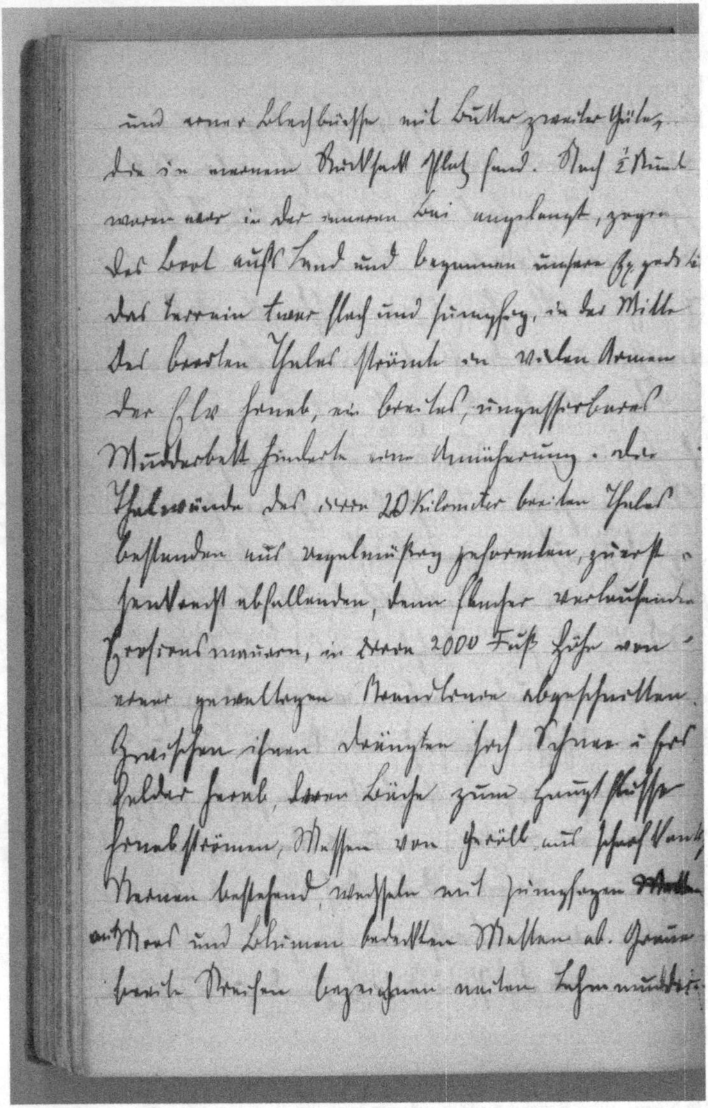

Abb. 10 Tagebuch, 26. Juli, S. 102, 103

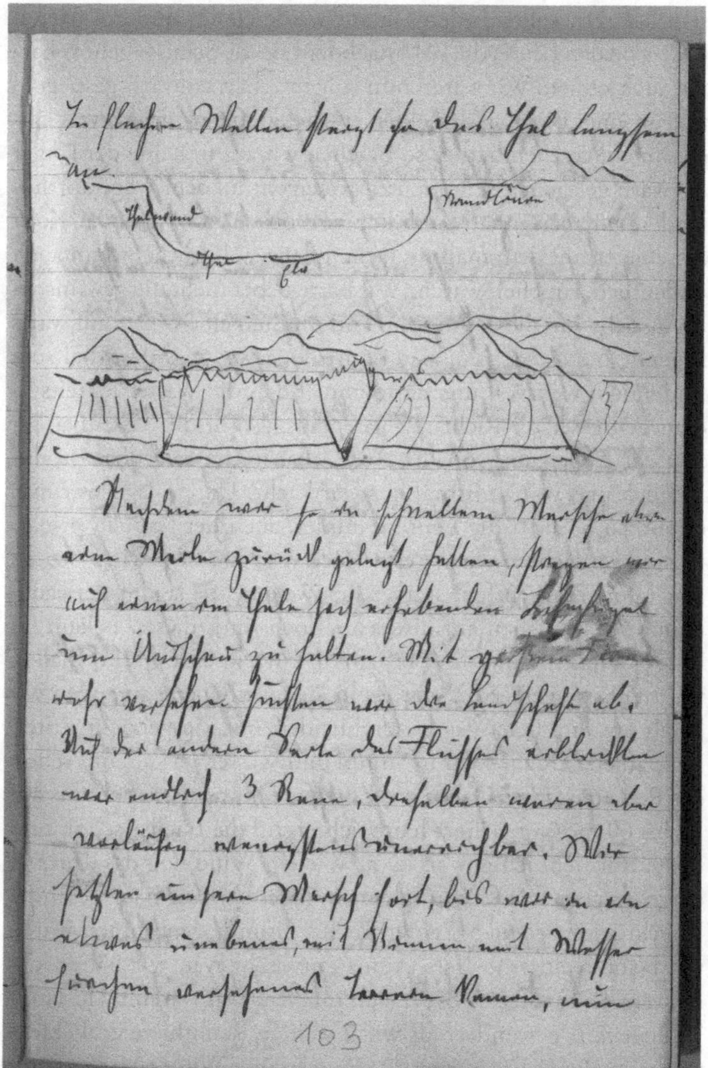
In flachen Wellen steigt so das Thal langsam
103

sern Messern vollends den Garaus weideten aus und erwarteten unsere beiden Leute; die bald nachdem sie die Schüsse gehört hatten auch kamen. Wir waren nun lang im Thale aufwärts gestiegen, und an einer Biegung desselben angelangt, da wir gern etwas länger hinein gesehen hätten so brachen wir auf um eine der länger auf wärts gelegenen Anhöhen zu besteigen; auf dem Wege dorthin fanden wir massenhaft Steinkohlenbrocken, so wie einen Kohlenschiefer, auf dem mannig fache Pflanzenabdrücke, wenn auch undeutlich, zu sehen waren. Wir hatten aber nicht die gewünschte Aussicht von dieser Anhöhe und mußten eine weiter auf wärts liegende besteigen, von dieser aus sahen wir, daß das Thal sein Ende nicht weit von uns hatte und[,] daß die Wasser jenseits in entgegen gesetzter Richtung jedenfalls also in die Sassenbai liefen; der Uebergang von der Adventbai in die Sassenbai ist also möglich und verhältnismäßig sogar leicht. Unsere Jagd war nun eigentlich beendet die Leute ermüdet, auch der Kapitän ermattet und so dachten wir an den Rückweg; da sahen wir plötzlich lang in im Thale ein[en] starkes Ren weiden, die Jagdlust erwachte und wir schlichen auf dieses an, doch [fin] /dieses/ bekam [es leider] Wind von uns, und begann in kurzem Galopp [m]Thalein wärts zu springen. Nun galt es, in einem Elv bette sprangen wir herab um ihm den Weg abzuschneiden, stets in gebückter Stellung, zuletzt krochen wir in Sumpf und Wasser, da kam uns schon das Ren ein starker Ochse an, Es stutzte etwas als es sich uns auf 50 bis 60 meter genähert hatte, ich ergriff die Büchse schoß und fehlte trotzdem ich gut ab kam. Wie ein Wind flog das Thier in entgegen gesetzter Richtung davon, [alle] ein paar nach gesandte Kugeln hatten keinen Erfolg. In Im Grunde genommen waren wir beide recht froh daß es uns entwischt war, wir hätten das schwere Thier sonst selbst tragen müssen. Wir waren nicht lange Thaleinwärts gewandert als wir 2 weitere Rennthiere erblickten; wir hatten keine besondere Lust /noch mehr Wild/ zu [schießen], dennoch überwog zuletzt die Jagdlust, und da es zwei junge unerfahrene Thiere waren, so versuchten wir eine Annäherung auf folgende Weise. Wir sprangen ein gutes Stück mit allerlei Gestikulationen vorwärts und warfen uns plötzlich, wie mit einem Schlage zu boden. Die Thiere stutzten, als sie diese merkwürdigen Sprünger sahen, blieben aber lange Zeit ruhig und sahen uns neugierig zu. Zuletzt, als sie sich zum Rückzug anzu schicken schienen, blieb ich ruhig liegen, indeß der Kapitän möglichst lang vorwärts kroch. Endlich kann er nicht warten, die Thiere weichen zurück und er schoß zweimal, Beide Thiere fielen augenblicklich, das eine hatte indeß nur einen Prellschuß bekommen sprang wieder auf und war bald verschwunden. Die Entfernung zwischen Thier und Schützen mochte gut 200 meter betragen, eine nicht zu verachtende Leistung. Nun hatten wir ein 4 tes Ren aber keinen Träger, wir mußten uns also wohl oder übel entschließen es selbst zu tragen. Ein Schiffs brot mit Butter stärkte uns und um halb 5 Uhr Nachmittags traten wir den Rückweg an. Der Kapitän der sich in den schweren Seestiefeln wund gelaufen hatte war äußerst marode, zumal er seit 10 Jahren nicht auf Renjagd gewesen war, so nahm ich das mit Stricken zusammengeschnürte Ren auf meine geduldigen Schultern und so ging es Thal abwärts. Ein paar Mal wechselten wir, ich trug dann Gewehre und Rucksack, zuletzt aber mußte ich doch, wollten wir schneller vorwärts kommen, das Ren selbst tragen. Nach 5 Stunden also gegen 10 Uhr bemerkten wir eine schwankende Gestalt vor uns, oder eigentlich ein Renthier unter dem zwei Beine sichtbar waren; es war unser [erste] Matros, welcher seit 12 Uhr sich mit /dem/ mindestens 2 Centner schweren Thiere herumplagte; er stack [d]tief im Sumpfe und kam nur langsam und mühselig [f]vorwärts; einer unserer beiden andern Matrosen eilte ihm zu Hülfe. Der Kapitän nahm dessen Ren auf seine breiten Schultern und so kamen wir halb elf Uhr nach 6 stündigem scharfen /Rück/ Marsche beim Boote an. Ein anderes Boot lag [l]zur Seite, bald erschien auch einer der Insassen desselben, eine sonder bare Gestalt. [Kaum] Nicht 5 Fuß hoch mit schwarz gelbem Gesicht, an den Füßen gewaltige Komager,[112] rothe Strümpfe, in den Händen Büchse u Fernrohr so kam das seltsame Geschöpf näher Es war ein echter Hammerfester Lapp „der Posthans" wie er auf Befragen nach seinem Namen erklärte. Er lag mit einem Smaafanger[113] auf der andern Seite des Fjords. Wir erfuhren einiges Neue von ihm, da seine alte Ratten kiste erst spät aus gesegelt war. Das Storfjord liegt voll von Eis, [die] [S]Im Süden vor dem Hornsunde liegen einige Fangs schiffe fest im Eise, die Hauptmasse liegt in dem am zeitigsten eis freien Nordwesten [b] vor Norskoen,[114] der Norden Hinlopenstreit[115] etc ist ebenfalls vollständig dicht geschlossen. Kein Fang, keine Aussichten da zu; da es schon so spät im Jahre ist. Als wir im Boote die Bai zurück ruderten erzählte der Kapitän daß er sich des Posthans nun erinnere, derselbe [saß] hatte lange im Zuchthause gesessen, weil [wir] /er/ mit seinem Schiffer zusammen eine alte unbrauchbare aber hoch versichterte Jacht angebohrt und mit Stein beschwert zu versenken versucht hatte. Gegen Mitternacht kamen wir beim Schiffe an, erquickten uns mit etwas warmer Speise, Kartoffeln und Salz fisch und schliefen [zum] einen guten Schlaf bis zum Mittag des andern Tages.

Dienstag, 27 Juli.

Regenreiches Wetter. – hielt uns in der Kajüte gefangen; da unter diesen Umständen an Fortsetzung der Jagd nicht zu denken war; ich ließ mir am Abend die Geschichte von dem hammerfester Finnen Johannes Pedersen erzählen. Wie es nicht selten vorkommt war ein Schiff [w] auf den Strand gerathen, wrack ge-

---

[112] Handgenähte Stiefel aus verschiedenen Pelzstücken.

[113] Norw. små: klein; Kleinfangboot, lt. Kükenthal, 1888, S. 34, geht es dabei um „Eier, Daunen, Robben, Rentiere, Treibholz, Schiffstrümmer."

[114] Norskøyane: zwei kleine Inseln, die zur Inselgruppe der Nordvestøyane gehören.

[115] Siehe Fußnote 96.

worden, und die Mannschaft, welche in zwei Booten auf dem Walroßfange lag und einen ausgezeichneten Fang gemacht hatte mußte sich entschließen unter zurücklassung der gesammten Beute [nach E] über das offene Meer zu rudern. Das Wagniß glückte sie wurden als sie sich der norwegischen Küste näherten, von einem vorbeisegelnden Schiffe mit genommen. Im nächsten Jahre kam ein anderes hammerfester Schiff in die Nähe des Wrackes. Harpunir Pedersen mit einigen Mann rudert nach der Stelle hin, wo die [W von] im Vorjahre getödteten Walrosse aufgestapelt lagen; er bemerkt im Schnee ein paar Bären, springt ans Land und schießt. Plötzlich wimmelt es um ihn her von Bären die sich an der [willkomm] reichen Tafel erfreut hatten, und alle stürzen auf den Harpunir los. die Mannschaft des Bootes rudert so schnell wie möglich davon, und läßt ihn mit den Biestern allein; er weicht bis zur Brust ins Wasser zurück, ergreift die mitgenommene Länze, und beginnt sich mit dieser Waffe gegen die andringenden Bären zur Wehr zu setzen. Als die Thiere nun Blut sehen, werden sie vollends rasend, fallen einander selbst an, und das Resultat war, nachdem nun die feige Mannschaft wieder herbei gerudert war und dem Harpunir half, daß 25 Bären in die Hände der Leute fielen, und so mit ein glänzender, selbst in der Geschichte Spitzbergens wohl einzig dastehender Fang gemacht wurde. Der jetzt verstorbene Pedersen wird noch jetzt vom Fangsvolk mit größter Achtung genannt.

Mittwoch 28 Juli.

Am Vormittag letheten[116] wir sorgfältig die Grundbank ab, welche sich von der östlichen Landzunge ins Meer erstreckt. Am Nachmittag ging ich auf Renjagd in das östliche Seitenthal. Olaf

---

[116] Siehe Fußnote 109.

als Begleiter. Wir fanden trotzdem wir das Thal gänzlich durchwanderten keine Spur, und kehrten ohne Beute heim: [d]

Donnerstag d. 29 Juli;

Regen. Spirituswechsel; am Nachmittag kommt Nils mit Boot aus Sassenbai[117] zurück, 10 Renthiere als Beute. Wir lichten Anker und segeln langsam um den östlichen Odden herum; liegen nun im freien Fjord. Starker Mond; das Eis beginnt zu schwinden.

Freitag d. 30. Juli.

Sturm aus West. Unser Kasten tanzt auf und nieder: Wenig Eis im Fjorde; dennoch kann das Netz noch nicht aus gesetzt werden, da zu viel Grundeis vorhanden ist. [P]Arviges[118] Geburtstag wird am Nachmittag mit Cacao und darein eingerührten Eiern gefeiert. Am Abend giebt es Renstäek. Gegen Abend unternehme ich eine Scrape, vom Schiffe aus. Derselbe Boden wie in circa [4]60 m. Tiefe beim Rußelv. Paguriden, Cynthien Sertularien. Mit dem 3 ten Renthierkopfe fertig geworden, eine [A]abscheuliche Arbeit. Ein Haifisch meldet seine Ankunft und Gefangennahme durch Klopfen unseres sinnig, wenn auch einfach construirten Apparates. Wir heben ihn herauf; circa 10 Fuß lang. Harpuniren und länzen ihn. Ich bekomme das Maul, die Leber wird [auf] /heraus/ geschnitten, ungewöhnlich lang und fest. Im Magen Robbenfleisch, ein Rochen, kleinere Fische und Krabben. Am Abend schieße ich mit Hagel[119] auf einen Snart[e], füge ihm jedoch dies mal keinen Schaden zu.

[117] Siehe Fußnote 110.
[118] Gustav Arvig, s. Tb, 21. August.
[119] Norw. hagl: Schrot.

Sonnabend d 31 Juli.

Am Vormittag scrapte ich 2 mal vom Schiffe aus: große Chitonne, Sertularien. Am Nachmittag reiste ich mit Gustav ins Fjord hinaus. Zuerst eine Scrape in 160 m Tiefe, wir bugsirten, hängten uns an ein großes Eis feld an und holten das aus geworfene Tau, 500 m. ein. Wir fanden Mudder mit Asteriden, Anneliden etc. Zugleich hing ich ein Netz aus und fing Pteropoden Ctenophoren, Cruster etc. etc. Eine zweite Scrape wurde in der Nähe des Schiffes unter nommen, wir hatten 120 m Tiefe. Die große Scrape war bald voll, und es gehörte eine nicht geringe Anstrengung dazu sie herauf zu heben. Wir sichteten dann bis abends 9 1/2 Uhr. fanden Asteriden u Anneliden sowie Lamellibr. Patellen etc etc. ihre Conservation dauerte bis Mitternacht.

Sonntag d. 1. August:

Faul wie gewöhnlich am Sonntag; Zum Nachmittagskaffee erhielten wir Besuch vom Posthannes, der ein Posten[120] für ein altes Gewehr sowie Sohlen für seine Riesenkomager[121] braucht. Der alte Sünder erzählt ganz unterhaltend. Auf der alten Scheute[122] sind 5 Mann oder eigentlich 4 und ein Junge. Führer und Harpunir ist Posthannes. Hallpart[123] des Fanges gehört der Mannschaft, außerdem erhält Posthannes ein Ren u. eine Robbe als Gratial. Fangs gegenstände sind Eier, Dun, Renthier, Snarte hier und da eine Storkoppe und Bären. Mit letzterem hatten sie Glück, sie erlegten einen vis à vis von unserm Ankerplatz unter einem

[120] Posten, Rehposten: grobkörniger Schrot.
[121] Siehe Fußnote 112.
[122] Siehe Abb. 1 und Kükenthal, 1888, S. 33. Zur Orthographie s. *Deutsches Wörterbuch*, 1899, Bd. 15, Spalte 2103.
[123] Norw. halvpart: eine Hälfte.

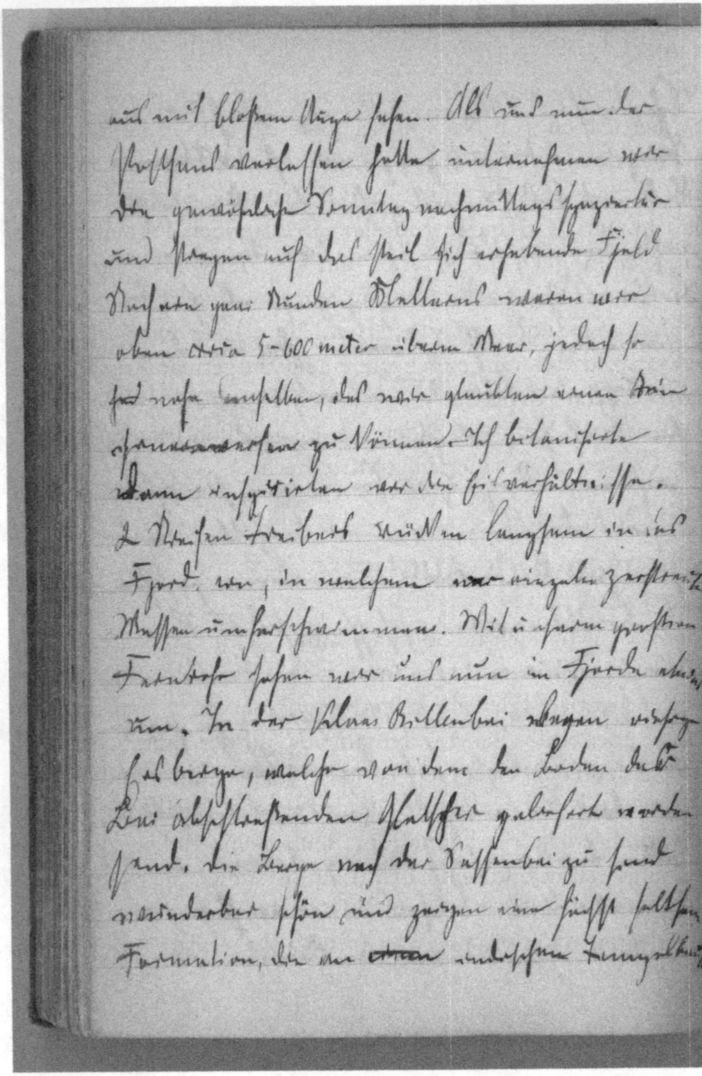

Abb. 11 Tagebuch, 1. August, S. 120, 121

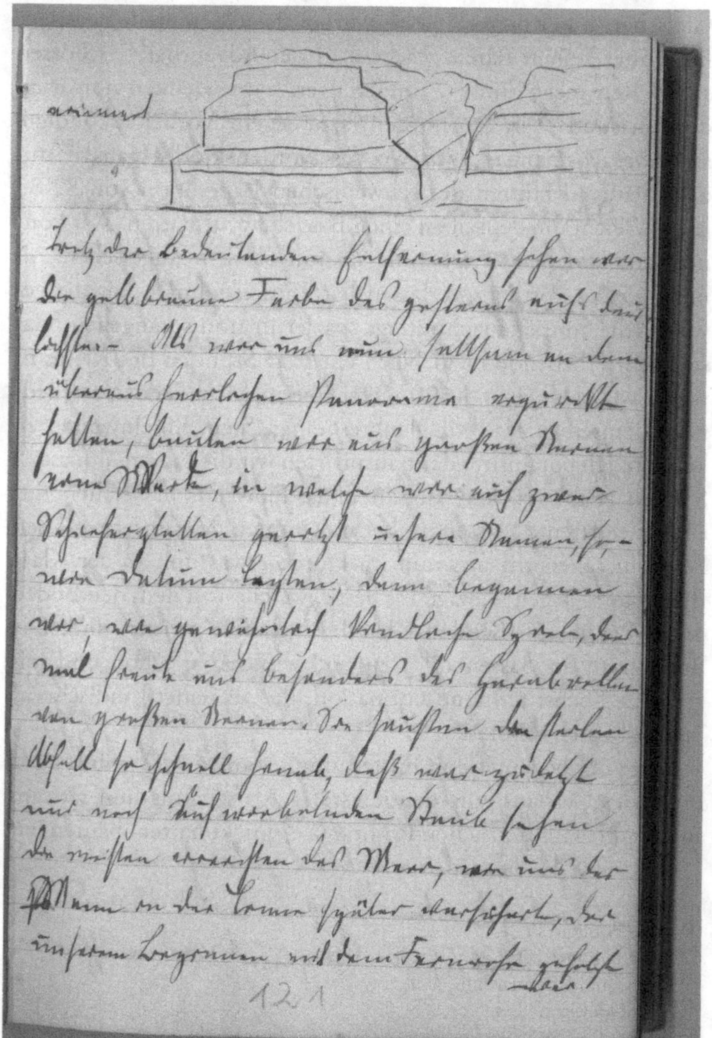

Gletscher; unser bester[124] Nils war an derselben Stelle gewesen, hatte aber keinen Bären gesehen! In der Adventbai[125] schossen sie 15 Ren meist Simle[126] und Kalver.[127] Sie denken nun nach dem Belsund[128] in Storfjorden [s]zu segeln Vorher erkundigte sich aber Posthannes noch wo das Nordenskjolds-Haus[129] mit den kleineren Hütten der schwedischen Expedition von 82-83 lag, vielleicht um denselben einen Besuch ab zu statten. Wir können die Häuschen vom Schiffe aus mit bloßem Auge sehen. Als uns nun der Posthans verlassen hatte unternahmen wir die gewöhnliche Sonntag nachmittags spaziertur und sprangen auf das steil sich erhebende Fjeld Nach ein paar Stunden des Kletterns waren wir oben circa 5-600 meter überm Meer, jedoch so [hed] nahe demselben, das wir glaubten einen Stein hineinwerfen zu können. Ich botanisirte dann inspizirten wir die Eisverhältnisse. 2 Streifen Treibeis rücken langsam in das Fjord ein, in welchem nur einzeln zerstreute Massen umherschwimmen. Mit unserm großen Fernrohr sahen wir uns nun im Fjorde etwas um. In der Klaas Billenbai[130] liegen winzige Eis berge, welche von dem den Boden dieser Bai abschließenden Gletscher geliefert worden sind. Die Berge nach der Sassenbai[131] zu sind wunderbar schön und zeigen eine höchst seltsame Formation, die an [einen] indische[n] Tempelbauten erinnert

Trotz der bedeutenden Entfernung sehen wir die gelb braune Farbe des Gesteins aufs deutlichste. – Als wir uns nun sattsam an dem überaus herrlichen Panorama erquickt hatten, bauten wir

---

[124] Siehe Fußnote 17.
[125] Siehe Fußnote 106.
[126] Norw. simle: Rentierkuh.
[127] Norw. kalver: Kälber.
[128] Bellsund.
[129] Zu diesem Haus und der schwedischen Expedition von 1882-83 s. Lüdecke, 2001, S. 49-56.
[130] Billefjorden.
[131] Siehe Fußnote 110.

aus großen Steinen eine [W]Var[t]de,[132] in welche wir auf zwei Schieferplatten geritzt unsere Namen, sowie Datum legten, dann begannen wir, wie gewöhnlich kindliche Spiele, dies mal freute uns besonders das Herab rollen von großen Steinen. Sie sausten den steilen Abfall so schnell hinab, daß wir zuletzt nur noch [S]auf wirbelnden Staub sahen die meisten erreichten das Meer, wie uns der [P]Mann in der Tonne später versicherte, der unserem Beginnen mit dem Fernrohr gefolgt war. Der Abstieg erfolgte langsam und gemächlich nach der Landspitze zu in ein sanft zum Meere niedersteigendes Thal. Eine Rype[133] welche auf einem Stein saß und sich im Sonnenschein wärmte, war bald gegenstand der eifrigsten Jagd; wir warfen wohl eine halbe Stunde lang Steine nach ihr, trafen auch ein paar Mal, ohne daß das dumme Thier auf geflogen wäre; Als wir aber glaubten [sie] /es/ erhaschen zu können flog es uns vor der Nase davon. – Am Abend wurde das Netz aus gesetzt, eine Arbeit die bis Mitternacht dauerte; in dieser Zeit brachte ich den Sonnab. fang in Gläser In der Nacht viel Spectakel auf Deck, Eis massen rückten heran und das Netz mußte wieder ins Boot gebracht werden.

Montag d. 2ten August.

Starker Wind aus West, hoher Seegang, wir müssen einen zweiten Anker auswerfen. Meine beiden aus gehängten Netze bringen Pteropoden, Ctenoph. Sagitten, [A]einen kl. Anneliden, die sämmtl. conservirt werden. An Scrapen nicht zu denken, da gegen Strom und Wind nicht anzukämpfen. Wir kochen am Nachmittag das Walroß haupt und reinigen dasselbe; dann balge ich Vögel ab.

---

[132] Siehe auch Kükenthal, 1888, S. 35.
[133] Norw. rype: Schneehuhn, *Lagopus*.

Dienstag den 3ten August.

Ein nebliger Morgen, die große Scrape, welche ich vom Schiff aus aus werfe bringt Steine, Tang mit Crusten u Anneliden. Der Meeresboden senkt sich überaus [S]steil unter dem Schiffe hinab, so daß eine Scrape nach der anderen Seite hin Mudder mit Stein, Ammotryp. etc. brachte. Um massenweise Tang zu bekommen, wende ich das Verfahren an einen Anker aus zuwerfen und mit dem Boote zu bugsiren. Es gelingt mir in kurzer Zeit ein Nest Tangpflanzen aus zu reißen. Auf ihnen Polynoiden, Nereidine Syllideen, Biurnarien, Plumerien.

Mittwoch den 4 August.

Wieder wird mit dem Anker versucht Tang auf zu winden, dies mal haben wir Unglück da der Anker fest sitzt, und nur nach harter Arbeit vom Meeresboden aus gerissen werden kann. Mein Geburtstag wird am Abend vom Kap. und mir dadurch gefeiert, daß wir Thee kochen; dasselbe gelingt uns jedoch nicht; da der Rest Thee, den wir besitzen schlecht geworden ist, wir werfen daher eine[n] Aeggedosis[134] zusammen und verzehren dieselbe in gemüthlichem Passiar.[135]

Donnerstag d. 5 August.

Starker Wind aus West, derselbe flaut um Mittag. Ingebr. bestimmt daß Nils mit 2 Mann alle Fjorde umrudert um nach dem Fisch zu sehen; ich erhalte Erlaubniß mit zu fahren. Mit Kleidung und Proviant aus gerüstet reisen wir um 2 Uhr im großen Fangs

[134] Norw. eggedosis: geschlagenes Eigelb mit Zucker.
[135] Norw. passiar: Unterhaltung.

boot ab. Leider hat dasselbe keine Segel, wir helfen uns da mit unser Zeltsegel auf ein Ruder zu setzen und an einem auf gefundenen Rundholz auf zu hissen. Es geht ganz gut, nur können wir nicht bratvint[136] segeln. Das erste Merkwürdige auf unserer Tour war der Hyperithatten wie Nordenskjold einen steil am Strande auf steigenden Fels Nagel genannt hat. Auf den braunen Gesteins mauern wachsen grellrothe Flechten; einzelne Stellen [zw] sind mit Moos bewachsen. Massen hafte weiße Punkte sind sichtbar. Ein Schuß und die Punkte verschwinden, um sich als Alken in die Lüfte zu erheben; Ein betäubendes Geschrei [erfüllt] hallt an den Felsen, wieder; Nach ein paar Minuten ist alles wieder still, und die Tausende von Alken sitzen von neuem ruhig auf ihren Brut tplätzen, das ist ein Alk fjeld. Wir bogen nun in die Sassenbai[137] ein; an einem herabrauschenden Elve landeten wir, um Kaffeewasser ins Boot zu nehmen; hier bei fand ich recht hübsche Versteinerungen Ammoniten Auf der Weiter reise wurde im Boote ein Feuer angezündet und Kaffee gekocht. Wir befinden uns nun gegenüber dem Tempelberg, einer wohl einzig dastehenden Gebirgsgruppe. Er bekam seinen Namen mit vollem Recht, man könnte sich nach Ostindien versetzt denken, wenn man die regelmäßige Bauart, die Pfeiler, Säulen und Fenster betrachtet. [die] Ganz regelmäßig viereckig gebaut liegt [d]er mit der /Hauptfassade/ Breitseite der Küste an absolut senkrecht heben sich die Riesenmauern empor, die verschiedenen Säulen und Pfeiler zu zählen, wäre ein müssiges Beginnen; es ist ein ungeheures Gewirr, welches sich jedoch gruppen weise abtheilt und zu einem harmonischem Ganzen ordnet. Es erinnerte mich diese merkwürdige Bergbildung auch an das Dach des Mailänder Domes. In die einzelnen von oben herab sich niederziehenden Spalten legen sich Zipfel des das Dach bildenden Schnee u Eis feldes ein; das Gan-

[136] Unklare Bedeutung, evt. Kombination aus norw. Wörtern, etwa: in einem plötzlichen Windstoß.
[137] Siehe Fußnote 110.

ze sieht auf meilenweite Entfernung wie ein ungeheures Bauwerk aus. – In den Boden der Sassen bai einrudernd mußten wir uns in Acht nehmen nicht fest zufahren, da ein paar Kilometer vom Lande entfernt, der Grund ein äußerst flacher Mudderboden war, den der breite Thal fluß auf geschwemmt hatte. Nun bogen wir in eine Seiten bucht ein, welche obwohl von ansehnlicher Größe, auf der Karte nicht verzeichnet steht, den Hintergrund bildete ein ins Meer absteigendes Eis feld, /von/ welchem /r/ kleine Bröckchen ins Meer gefallen waren, die sich in der [n]Nähe als hohe Eisberge erwiesen. Ein auf tauchender Snarte wird vom Harpunir erlegt und glücklich harpunirt da er noch lebt, schlagen wir ihm mit der Hacke pike[138] den Schädel ein; wir rudern nun an der Südwand des Tempelberges entlang, die herrliche Bauart desselben bewundernd. Plötzlich öffnet sich vor uns eine kleine Seiten bucht, in welcher ein Wrack auf dem Strande liegt. Das war etwas für unsern Lappen. Natürlich mußten wir heranruder[t]e, Anker werfen, und ans Land steigen. Ein brauner Fuchs, welcher auf den /am Ende/ auf gestapelten Fässern saß sprang eilig davon und eilte bergan seine Unzufriedenheit in lautem Gebäll kund gebend. Wir besahen nun das gestrandete Fahrzeug, eine Scheute. Es sah wüst aus, der Mast war um gehauen, im Raume lagen große Steine [r] um es vor dem wegschwimmen zu bewahren. Die Kajütenverkleidung wie das Dach derselben war aus gerissen; wenige alte Tauenden, etwas [S]Talg wie ein paar Flaschen waren das einzige was übrig war; Nils eignete sich diesen kostbaren Gegenstand natürlich an, da es stark auf Mitternacht ging wurde am Strande aus unserm Segel sowie den Rudern ein Zelt auf geschlagen entgegen meinem heftigen Proteste, da ich voraus sah, daß auf dem [großen] steinigen Boden Schlaf unmöglich war, und lieber auf Deck der Scheute schlafen wollte. Während dieser Arbeit begab ich mich Land einwärts und fand den hier und

[138] Norw. hakke: Hacke, Pickel; pigghakke: Eispickel; eine Art Eisaxt; s. Kükenthal, 1892, S. 27.

da anstehenden Fels, bestehend aus versteinerten Muscheln, von denen ich einige mitnahm, auch ein paar Steinkohlen brocken fanden sich vor. Zum Zelte zurückgekehrt kochten wir Kaffee, weichten Kavringer[139] in warmem Wasser ein und speisten diese Gerichte mit gutem Appetite. In meinen Mantel eingehüllt, eine Wolldecke über den Leib gelegt, den Rucksack unter dem Kopfe, so versuchte ich zu schlafen, mußte den Gedanken daran aber bald auf geben, ebenso wie die beiden Matrosen; nur Nils in seinen /dicken/ Fellen und Betten erfreute sich eines gesunden Schlummers. [die ganz] Füchse machten viel Spectakel, und bellten unaufhörlich; wir hatten sie von guter Beute verjagt. Unter den Fässern, welche am Strande lagen, befanden sich auch ein paar mit frisch eingesalzenem Renthier fleisch, wir wußten daß sie dem Renthier jäger Jens Olsen gehörten und hofften ihn zu finden, um ihn über Hvidfisk aus zufragen. Doch er kam nicht.

Freitag den 6ten August

Ein herrlicher Morgen ließ uns die schlaflose Nacht bald vergessen, wir ruderten in die Seitenbai hinaus und gelangten in die Sassenbai[140] zurück, [wir] /von der/ wir von einem leichten Monde unterstützt, längs des Tempelberges entlang segelten. Hier hatte ich Gelegenheit die [herrlichen] zahllosen merkwürdigen Felsbildungen in der Nähe zu betrachten. In den tief eingeschnittenen Rinnen und Schächten rauschten Wasser fälle nieder, die nach Europa versetzt, tausende von Besuchern angelockt hätten, zahllose Schaaren von Möven haupt sachlich Krickie[141] und Harfesten[142] umflogen das Gebirge, und ließen sich bald hier bald

[139] Norw. kavring: Zwieback.
[140] Siehe Fußnote 110.
[141] Norw. krykkje: Dreizehenmöwe, *Rissa tridactyla*.
[142] Siehe Fußnote 14.

dort an ihren Brut plätzen nieder. Gegen Mittag kamen die Gans inseln[143] in Sicht, wir hielten unseren Kours auf dieselben zu, um nach dun und Eiern zu suchen. Es sind drei flache Inseln mit Gras bewachsen ein paar Süßwassertümpel in der Mitte. Sie waren belebt von Gänsen und Eidervögeln, die wir theilweise von ihren Nestern weg jagen mußten Es war[en] nur wenig dun vorhanden und die Eier waren aus nahms los bebrütet, wir nahmen daher von einem ernsthaften Absuchen Abstand und ruderten aus der Sassenbai heraus in die Klaas Billenbai[144] ein. Am Nach mittag gönnten wir uns auf einer flachen Land zunge ein paar Minuten Erholung, /und/ kochten Kaffee den wir auf der Weiterreise tranken. Die Klaas Billenbai ist ebenfalls auf der Karte vollständig verzeichnet, ihr Hintergrund spaltet sich in zwei ansehnlich Buchten, deren jede mit einem Gletscher abschließt, wir [fuhren] /reisten in/ beide Buchten [etc]; uns stets in der Nähe des Landes haltend. Das Meer war voll von [sehr] theils schwimmenden theils gestrandeten Eisbergen, [die] von denen wohl ein einziger den Eis bedarf sämmtlicher Münchner Brauereien für ein Jahr gedeckt hätte. Ein unaufhör liches Knallen und Knistern des zerspringenden Eises machte sich bemerklich dann und wann[t] dröhnte ein dumpfes Donnern an unsere Ohren, es waren [fest] zusammenstürztende[145] und sich umwälzende Eismassen, welche [dieses] Kanonendonnern /lieferten/ während das Knistern und Knallen des Eises die Flintenschüsse abgaben. Die Landschaft war farbiger und markiger als sie sonst unter Spitzbergen erscheint. Die tief blaue Farbe des Eises mochte [t]wohl dazu beitragen. Die Abstürze der Gletscher, welche ich auf 30-100 meter bis zum Wasserspiegel taxirte, sind kreuz und quer von Spalten durch zo-

---

143 Kükenthal, 1888, S. 22: „Dem Gypshoug vorgelagert sind einige kleine [...] Inseln, die Gans-Inseln, [...] dann biegt die Küste um und bildet das Südufer der Klaas Billenbai." Die Angaben lassen sich durch www.placenames.npolar.no nicht bestätigen.

144 Siehe Fußnote 130 und Kükenthal, 1888, S. 22.

145 Bildung des Partizips Präsens wie im Norwegischen: styrtende.

gen, so daß [der einzelne] /das/ Eisfeld aus einzelnen Stacheln und Blöcken besteht, deren Kuppen die Ober fläche des Gletschers bilden. Ein paar schwarze vierkantige Fels spitzen ragen aus dem Eise auf, welches höher und höher an steigt um zuletzt in das Hochlands eis auf zu gehen. Gegen 10 Uhr abends schlugen wir unser Lager auf, nachdem ich vorher eine graue Gans geschossen hatte, obwohl [diese] /fast alle/ Vögel jetzt so ziemlich ungenießbar sind, da sie Federn wechseln oder Junge haben; so konnte ich doch dem Drängen der Matrosen nicht widerstehen, welche eine Suppe haben wollten. Unser Zelt war bald auf geschlagen auf freundlicher grüner Mark, die ich dies mal aus gesucht hatte; wir kochten unsere einzige Mahlzeit schwarzen Kaffee und aßen Kavring[146] dazu. Außerdem führte ein jeder eine Blechbüchse mit Butter mit sich, die obwohl /völlig/ ranzig, doch ganz gut schmeckte. Dann übernahm ich die erste Wacht bis 1 Uhr Nachts während die andern schliefen. Wir hatten Befehl Wacht zu halten, [theil] um den Hvidfisk nicht unbemerkt vorbei zu lassen. Außerdem thaten wir es um eigener Sicherheit willen, da wir uns in völlig unbekanntem Lande befanden und der Bär ein neugieriger Kerl ist, der solche Streiche [wie] am Zelt oder am Schiff besuchen, gerne begeht. Um 1 Uhr weckte ich einen andern legte mich auf dessen Platz und fand ein paar Stunden festen gesunden Schlaf. Zeitig waren wir am Andern Morgen auf; und begannen unsere schwere Ruderarbeit von Neuem. Um Mittag erhob sich starker Wind aus der Sassenbai aus fallend, so daß es uns unmöglich war uns der Küste zu nähern und dem Nordenskjoldshaus einen Besuch abzustatten. Unter hohem Seegange umsegelten wir das Kap Thordsen[147] und [ge] reisten nun der Küste entlang nach Norden zu. [Auf dem flachen Strande der] der Strand wird lange Zeit von einer etwa 10 meter hohen Mauer gebildet die wie von Menschenhand zusammen gefügt erscheint,

[146] Siehe Fußnote 139.
[147] Kapp Thordsen.

das Land steigt dann in langen wellen sanft an, im Hintergrunde sind echte Spitzbergen fjelder, vierkantig schwarz und weiß auf gesetzt. Länger nach Norden zu flachte sich der [D]Strand mehr und mehr ab, /das/ war /Meer/ war aber so voller Untiefen, daß wir uns auch hier nicht nähern konnten. ein Fluß, welcher seine lehmigen Wellen ins Meer sandte, ermöglichte uns zuletzt die Landung. Ein kleines Zelt, welches an seinem Ufer lag, sagte mir, daß der von uns gesuchte Jens Olsen hier zu finden sei, und wirklich trat er bald aus seiner kleinen Hutte heraus, eine kraftvolle Gestalt, [die] schwarz bärtig, eine rothe Kappe auf dem Kopfe, Er war, wie er sagte eben von einer Rent[h]ur zurückgekehrt, und hatte [ein] vier dieser Thiere vor dem Zelte liegen, von denen eins im Nordfjorden geschossen war, während die andern vom Mitterhugen[148] stammten. Unser Harpunir hatte natürlich große Lust zur Jagd, entdeckte im Fernrohre ein Renthier, welches sichtlich gejagt war da es in Galopp, über die Berglehne sprang, und begab sich mit Johan auf die Tur. Jens, ein unterhaltender, liebens würdiger Mann, klagte mir unter dessen sein Leid, da [es] /in/ sein Fernrohr [voll] Renblut gelaufen war, und alle Gläser gründlich beschmutzt und verschmiert hatte; er verstandnicht dasselbe aus einander zu schrauben, hatte außer dem nicht das geringste reine Tuch oder Leinen, und so erbot ich mich denn mein Glück zu versuchen. Mit Hülfe meines sauberen Taschentuches brachte ich es auch so weit, daß [die Gläser] das Fernrohr ein brauchbares Bild lieferte, worüber Jens so erfreut war, daß er mir einen Ren thierkopf schenkte, an dem er das Geweih ein kleines aber prächtig gebautes Gehörn gelassen hatte. Wir waren aber außerdem sehr erfreut, daß wir etwas Fleisch zu einer Suppe bekamen. Mittler weile kam der Begleiter von Jens [zu] ebenfalls von der Jagd zurück, er hatte einen starken Ochsen[149] erlegt und konnte

[148] Midterhuken, s. www.placenames.npolar.no.
[149] Siehe Fußnote 111.

nur die Hälfte desselben tragen; esr war aus Süden [aus] Floroe[150] ein munterer unterhaltender Bursche. Wir, d. h. ich und Anton legten uns nun in unser Zelt und ruhten etwas aus. Jens steckte seinen dicken Kopf in die Zeltöffnung und unter hielt uns mit allerlei munteren Jagd geschichten, dann kamen auch unsere beiden Renthierjäger zurück, aber ohne Wild. [Wir] Ich kochte nun mit Anton zusammen [etw] eine Suppe, in unserm großen eisernen Koch topf, wir warfen die aus genommene Gans [z]hinein den zerhackten Renkopf hinein, gaben ein paar Hände voll Graupen hinzu, die in einem Säckchen im Brod fasse lagen; dann speisten wir mit ausgezeichnetem Appetite; ich bearbeitete die Gans, welche ich glücklich allein auf aß, die andern machten sich über den Ren kopf her. – Gegen halb zwölf Uhr Nachts [brach ich mit] so bald als wir mit unserer Mahlzeit fertig waren brach ich mit Anton auf, [theil] nahm die Büchse des Harpunirs sowie einige Patronen mit und ging landeinwärts, in der doppelten Absicht ein Ren zu schießen, und [uns] zu gleich das Nordenskjoldsche Haus zu besuchen. Es war unangenehm weiches sumpfiges [G]Terrain ein paar mal mußten wir über zugefrorene Fluß betten [st] wandern, was mit großer Vorsicht geschah, da man leicht durch brechen kann. Da wir am Morgen zeitig in das Nordfjord reisen wollten, so mußten wir uns beeilen, und marschirten scharf bergan, Noch immer wollte sich das Haus nicht zeigen. Plötzlich standen wir vor einem starken Absturz und erblickten die gesuchten Häuschen tief im [F]Thale. Wir kletterten hinab und betraten [nun] bald den Grund und Boden, auf dem 2 Expeditionen ihr Winterlager auf geschlagen hatten. Das Hauptgebäude ist von ansehnlicher Größe, es besteht wie die beiden sich anschließenden Schuppen natürlich aus Holz. Außerdem befinden sich noch einige ganz kleine Holzhütten auf der sanft zum Meere absteigenden Mark; sie dienten zu observations zwecken. Eine Schienen bahn, welche zum [Meere] /Strande/ führte ist ein Andenken aus der

150 Florø, an der norwegischen Westküste zwischen Bergen und Ålesund.

Zeit als Nordenskiold [eine] Apatit abzubauen gedachte; ebenso ein Telegraphen häuschen, sowie Telegraph stangen, an denen die Drähte herab hängen. Wir traten in das Haus ein, dessen Thür weit offen stand. Die Fenster waren dicht mit Listen[151] geschlossen, daher [es] eine tiefe Finsterniß [h] in den Zimmern herrschte. Als wir uns an die Dunkelheit gewöhnt hatten, [traten] begannen wir uns etwas näher umzu sehen. Eine grenzen lose Unordnung herrschte überall, Bücher, zerstreute Notizen, Chemikalien Apparate, zerbrochene Gläser, lagen überall zerstreut umher, bald stieß man an auf gebrochene Kästen, bald an geleerte Punsch fässer; es war wie in einer Räuberhöhle Wir ließen alles genau in der Ordnung oder besser gesagt Unordnung wie wir es gefunden hatten, und begaben uns auf einer vom Freien auf führenden Treppe in das obere Stockwerk, wo Raum für die Mann schaft war; die unordentlich um einen gewaltigen großen Ofen herum stehenden hölzernen Bett stellen, halb geleerte Flaschen und Büchsen, zurück gelassene Kleider [gewährten] /machten/ gleichfalls einen durch aus traurigen Eindruck, hier war es wo jene unglücklichen 17 Matrosen hausten, die im Frühjahr [8]73, nach langem Leiden sämmtlich an Scorbut starben; ein aufgeworfener mit Brettern umzäunter Hügel, auf dem ein roh gezimmertes Kreuz steht bezeichnet ihre letzte Ruhestätte. Ihre Geschichte ist kurz folgende. In dem Jahre 1872, demselben in dem Nordenskjold mit seinen 2 Dampfern /an der/ nordwest[lichen] /Küste/ von Spitzbergen einfror, ereilte dasselbe Geschick sämmtliche Fangs schiffe, welche /auch/ unter [d] Spitzbergen lagen. Da es mit der Kost knapp bestellt war, so wurden von jedem Schiffe ein paar Mann aus gelost um im Boote das 1871 auf gebaute mit Vorräthen reichlich versehene Nordenshioldsche Haus zu erreichen Es waren 17 an der Zahl, die in [Bo] ein paar Booten nach dem Isefjorden[152] zu auf brachen. Ihre Leiden bevor sie das Haus erreichten, waren

[151] Norw. list: Leiste.
[152] Siehe Fußnote 25.

unbeschreibliche, ein Mann ging in Sturm und Eis verloren, die anderen [ein] kamen endlich an den Ort, wo sie überwintern sollten. Nach alle den überstandenen Gefahren und Strapazen waren sie in dem bis aufs Kleinste voll aus gerüsteten Hause wie im Himmel, speisten die köstlichen Conserven, warfen weg, was ihnen nicht schmeckte, schliefen und dachten nicht ans Arbeiten. Da kam der unfriedliche Gast ins Haus. Es wurde einer vom Scorbut ergriffen und starb nach schwerem Leiden, [ihm folgte ein ander] [er] wurde von den andern begraben; [doch] [n]Nun ging es schnell bergabwärts einer nach dem andern wurde krank und starb, die andern hatten nicht die Kraft ihnen beizustehen, und als im Frühjahr 1873 ein Fangs schiff erschien um die Leute ab zu holen, fanden sie 15 Leichen im Hause, der zuletzt gestorbene saß in voller Kleidung mit Handschuhen versehen todt am Tische. Noch einmal fand das Haus Benutzung Im Jahre 82/83 überwinterte hier die schwedische Polarexpedition, welche meteorologische Beobachtungen anzustellen hatte, Von ihr rühren die kleinen hölzernen Beobachtungs häuschen, von ihr rührt auch die grenzenlose Verwahrlosung und Unordnung her. – Als wir uns in den mit Bade[st] und Wasch[stube] /raum/, Schmiede und Vorraths kammern versehenen Neben gebäuden umgesehen hatten, um wanderten wir das Haus von allen Seiten. Hoch vom Berge kam ein[e] starkes Wasserleitungs rohr herunter. – Ueberall stießen wir auf geleerte Flaschen, Medizin und Chemikaliengläser, theils groß mit eingeschliffenem Stöps[f]el, die zerbrochen oder vollständig ganz herum lagen; ich konnte nicht umhin einen . kleinen Vergleich mit meiner Expedition anzustellen; ich muß mich mit wenigen geleerten Wein flaschen, einem zerbrochenen Teller und einer gesprungenen Kaffeetasse als Conservirungs behälter begnügen. Die Zahl der /zu/ Haufen liegenden Blech büchsen war eine enorme; ich las einige auf schriften Es waren Schild kröt suppen und andere herrliche Sachen darin gewesen; der Gedanke an unsere Graupen suppe, entweder mit etwas Fleisch brühe oder Essig und Zucker darin, rief einen gleich falls nicht günstigen Vergleich für uns hervor. – Mein Begleiter, dem es gleichfalls sündhaft erschien, daß diese Sachen, zu denen noch eiserne Oesen, Schuhwerk, Holz kisten etc hinzu kam, schien nicht übel Lust zu haben sich einiges an zueignen, ich verbot es ihm natürlich aufs strengste, konnte es aber nicht hindern, daß er sich mit 2 /leeren/ Flaschen belud, die er, wie er mich versicherte, höchst notwendig an Bord brauchte. Nun brachen wir auf, und erreichten in scharfem Marsche am Morgen um 6 unser Zelt, wo wir die beiden andern herausklopften und uns ein wenig aus ruhten [J]diese kochten Kaffee, wir stärkten uns mit diesem kräftigen Getränk (ich hatte von meinem eigenen Kaffee mitgenommen) und stiegen dann ins Boot, um [z]in das Nordfjord zu rudern. Jens, welcher gleichfalls erwacht war, rief mir ein Lebewohl und glückliche Reise zu, dann ruderten wir die Küste entlang und bogen in den /nord/ östlichen Arm des Nordfjorde ein. Interessant war die Beobachtung daß eine Stormose[153] /auf/ einen kleinen Eidervogel welcher von seiner Mutter entfernt war stieß und ihn mit einem Bissen herunter würgte. Sonst nimmt sich diese größte aller Möven wohl in Acht mit einer Eidervogel mutter an zu binden, diese ergreift den frechen Räuber und geht mit ihm so lange unter Wasser, bis die Möve welche nicht tauchen kann, ihren letzten Athemzug gethan hat. – Das Nordfjord zeigt steil abfallende Wände die [oben s] Abstürze viereckiger Berggruppen [deren] von gleicher Höhe, mit flacher Oberfläche; Im Boden ragt ein spitzer Berg hoch auf und theilt das Fjord in [l] Arme, von denen der westliche bedeutend länger als der östliche i[I]st. Die Karte ist grund falsch; die Länge des Fjordes sowie seine Breite ist über das doppelte, der Hintergrund ist absolut unrichtig. Nach der aus sage eines Schiffers soll man vom Nordfjord thale in wenig [s]Stunden in die Wujde bai[154] gelangen können, dennoch liegt der [außerste] innerste Theil des Fjords circa unter 79° Breite und

---

[153] Norw. stormåke, stormåse: Mantelmöve, *Larus marinus.*
[154] Wijdefjorden.

und nicht wie Nord. angibt unter 78° 47′. Außerdem erstrecken sich gleich im Eingange in das Fjord zuerst von der östlichen dann von der west lichen Küste zwei lange flache Landzungen fast bis in die Mitte des Fjords hinein, sodaß die Karte etwa folgendes Bild auf zu weisen hätte.

der südliche Theil des Himmels überzog sich gegen 11 Uhr vormittags mit zusammengeballten dunklen Wolken und 2 mal ließ sich ein schwacher Donner hören. Derselbe wurde gleichzeitig an Bord des Fahrzeugs wie an Bord der Naes'schen Galeas am Rus elv vernommen, so daß eine Vermischung mit berstenden Eismassen wohl möglich ist. Am Nachmittag waren wir etwa bis in die Mitte der [Westlichen] östlichen Küste gelangt Ein intensiver Hunger plagte uns, und da wir, wie wir mit Schrecken bemerkt hatten nur noch im Besitz von einigen Schiffs broten waren, die ein Mann allein hätte auf essen können, so blieb uns nichts anders übrig, als uns in den Besitz von einigen Wasser vögeln zu setzen; Edderfugl [ist] /war/ theils ungenießbar, im Falle er nämlich Junge hatte, außerdem sträubte sich ein Rest von Gefühl in mir, die Mutter von den kleinen Vögelchen wegzu schießen, die männlichen Vögel dagegen waren überaus scheu, so daß sie davon flogen sobald sie nur Ruderschläge hörten; dasselbe war mit Gänsen der fall, die wir außerdem nicht einmal zu Gesicht bekamen. Wir beschlossen deshalb Teiste[155] zu morden und diesen Vogel zu versuchen. Ich schoß drei der Harpunir mit der Büchse einen vierten. Das Boot wurde auf den Strand gezogen, da wo ein Bach herab floß, dann suchten wir am Strande nach Treib holz, an dem hierzu lande kein Mangel ist, rupften den noch warmen Thieren Haut und Federn vom Leibe /nahmen sie aus/ und warfen sie in unsern Kochtopf hinein. Ein köstlicher warmer geruch erquickte vorläufig unsere hungrigen Gemüther, nun kam noch etwas Graupen, sowie Salz hinzu, und die Mahlzeit konnte beginnen. [das]Wie es eigentlich schmeckte daß kann ich nicht sagen; ich weiß nur daß die warme

[155] Norw. teist: Gryllteiste, *Cepphus grylle*.

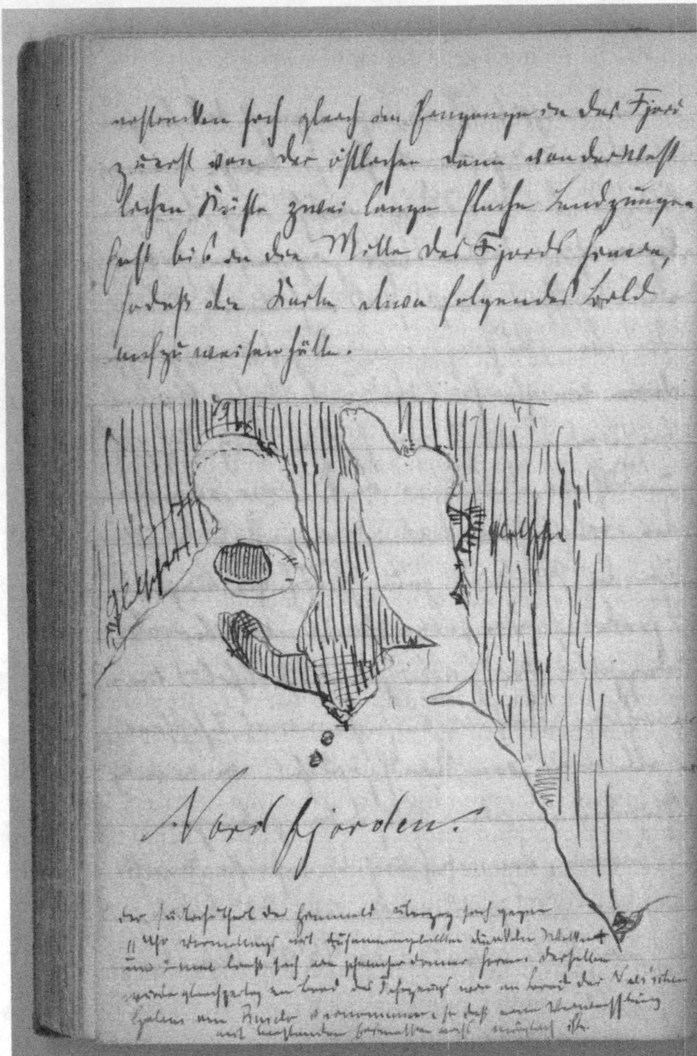

Abb. 12 Tagebuch, 6. August, S. 150, 151

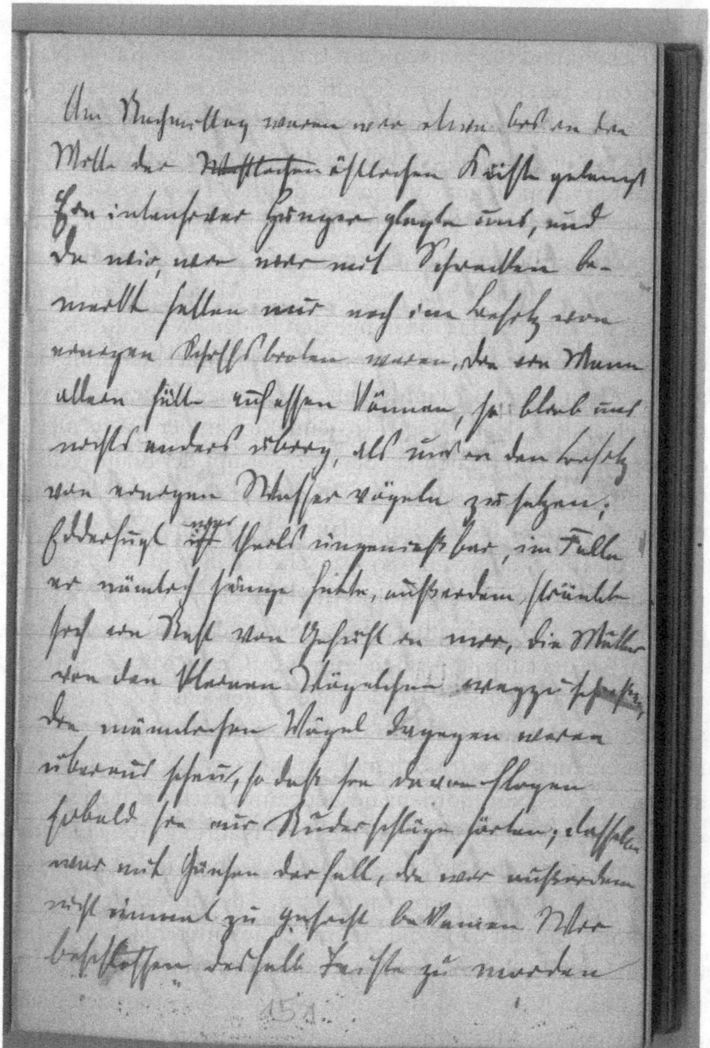

Brühe außerordentlich wohl that, der Vogel hatte nicht ungenießbares Fleisch, und folgte nach dem 6 ten oder 7 ten Kaffee Napf Suppe, ohne Beschwer, etwas Schiffs brot bildete das Dessert. So gestärkt begannen wir unsere Weiterreise und langten gegen 6 Uhr Abends [in bei den] bei den vorspringenden Bergen an; weiter konnten wir nicht gut vordringen, da [d] wir sonst riskirten im Schlamm festzu sitzen, Es war mindestens 1 Meile bis zum Ende des Fjordes der Boden mit Schlamm erfüllt, so daß nur ein paar Fuß über demselben Wasser stand, in der Mitte des Fjordes erreichten wir mit der Harpunstange den Boden. Wir kehrten nun um und reisten zurück; der [B] wolkenlose Himmel bestrahlte eine prächtige steinonrade[156] Landschaft, vierkantige Berge stiegen wie neben einander gelegte Würfel [regelmäßig] an der Küste auf, in den regelmäßigen Furchen lag Schnee, der mit der braun-gelben Gesteinsfarbe lebhaft contrastirte In dem Hintergrunde der Seitenthäler senkte sich das Binnenlandseis bis zum Wasserspiegel herab. Alles dies konnte man so klar sehen, daß man jede Berechnung der Entfernung vergaß und die Perspektive vollständig auf gegeben war. Der entfernteste Berg zeigte genau so scharf seine Formen wie der ein paar Meilen entfernte. Gegen Mitternacht erreichten wir die westliche Land zunge bauten unser Zelt auf und schliefen. Zum ersten Male auf der Tour 6 Stunden hinterein ander. Unsere Aufgabe war noch nicht beendet, wir sollten auch den andern Arm des Nordfjordens Besuchen um nach Fisch zu sehen; die andern hatten aus Mangel an jeglicher Nahrung große Lust die Heimreise anzu treten, ich bestimmte sie jedoch, in [F] das westliche Nordfjord soweit hereinzu rudern, daß wir /in/ den Boden sehen konnten, und dann die Heimreise anzutreten; ich that dies aus dem Grunde, daß man mir später nicht vorwerfen konnte, wir hätten unsere Aufgabe nicht erfüllt, weil ich den Strapazen nicht gewachsen wäre; Man stimmte mir bei, ich zeigte mich als guter Schütze indem ich auf 2 Schüsse 4 Teiste erlegte dann besuchten

[156] Norw. område: Gegend, Gelände.

wir vor der großen Halbinsel gelegene Inseln um nach Eiern zu suchen. Wir fanden massenhaft[e] Eier jagten die Vögel vonden Nestern fort bekamen aber nicht ein einziges unbebrütetes. Um dun sah es auch schlecht aus, es war so wenig vorhanden, daß wir keine Zeit verloren und weiter ruderten Gegen Mittag trafen wir auf einem weit in den Fjord arm vorspringtenden Odden, der sich etwas höher erhob; hier landete wir, Anton und Johan kochten die Teisten, ich stieg mit dem Harpunir bergan um einen Ueberblick über den Hintergrund des Fjords zu gewinnen. Dasselbe bietet eine ungeheuer wilde Scenerie dar, die absolut weiten Wände [stürzen s in einen einzigen] ragen wie Mauern auf, kein Schnee oder Eis findet auf ihnen Platz, westlich liegen die großen Eis abstürze des Hauptfjordes; die scharfen in langer Reihe auf einander folgenden /Berg g./ Zacken nehmen sich wie Wirbel eines Rückgrates au[f]s. Das Gestein ist von schwarz blauer Farbe, das einzige grün weist eine mitten im Fjord gelegene Insel auf, die obwohl von ganz bedeutender größe etwa 1/4 der Fläche des Fjordes einnehmend auf der Karte nicht verzeichnet steht. Wir konnten nicht lange hier verweilen, hatten schon vorher uns einzelne Mücken geplagt, so rückten sie nun in so dichten [s]Schwärmen an, daß wir von ihnen buchstäblich bedeckt waren; alles Schlagen half nichts, wir mußten zu letzt die Flucht ergreiffen, um [g]arg zerstochen bei unsern Kameraden anzu langen, Hier hatten sich diese Plagegeister inzwischen auch ein gefunden, und wollte man [r]Ruhe vor ihnen haben, so mußte man sich in den Rauch des Feuers setzen. Wir verzehrten nun unsere Suppe und begannen nun die Rückreise zunächst zum Cap Thordsen[157], von wo wir direct übers Fjord setzten wollten. Am Cap Thordsen angelangt, sahen wir daß es mit der Heim reise sehr mißlich stand, aus der Sassenbai blies ein so heftiges Kuling, daß an Rudern nicht zu denken war. Was thun? Der Harpunir hatte nicht übel Lust das Zelt auf zu schlagen und auf besser Wetter zu warten; Wir andern dagegen wollten

[157] Siehe Fußnote 147.

die Ueberfahrt riskiren und bedr wind[158] zu segeln versuchen. Es wurde dies zu letzt beschlossen, eine Masse großer Steineins Boot geladen dann alle Brücken hinter uns abgebrochen indem der letzte Kaffee gekocht; das letzte brod und die letzte Butter gegessen wurde, und nun begannen wir unser Werk. Bis zum Cap ruderten wir, dicht am Lande, dann setzten wir unser Segel auf Halb mast, Anton wurde vorn placirt um das Segel mit den Händen straff zu halten, ein Ruder an den [A] im hinteren Bootsende liegenden Anker festgebunden, welches Nils steuerte. Johann zurück in die Brasse gesetzt um nöthigen falls das Segel fahren zu lassen und dem Winde Preis zu geben, ich lag auf der Backbordseite um ein gegen gewicht gegen den Winddruck zu bilden. Anfänglich ging es ganz gut, wir hatten wohl hohe See, das Boot bewährte sich aber vortrefflich und ging scharf gegen den Wind. Als wir jedoch in die Mitte des Fjords kamen, da nahm die Sache eine andere Gestalt an, die Wellen waren so kurz und scharf, da bei so hoch daß wir nicht über sie weg kommen konnten, und eine See nach der andern über unsere Köpfe raste. Wir lagen ruhig wie Steine, trotzdem wir [von hin und] herum geschleudert wurden, daß uns hören und sehen verging; nur Johan kroch vorsichtig auf den Boden um das hereinschlagende Wasser aus zu schaufeln. So [Eine] verbrachten wir zwei Stunden [ohne] in denen wir nur langsam vorärts kamen. [N]Oelkleider nützten nichts gegen Näße, indem die heftigen Seen von oben her kamen; Endlich rief Anton daß er das Fahrzeug am Horizonte erblicke, das gab uns Neuen Muth; je mehr wir uns der Küste näherten desto mehr nahm der Wind ab und als wir dem [Fahrz] Schiffe auf ein paar Kilometer nahe waren, war es so stille, daß wir den Rest rudernd zurück legen mußten. An Bord empfing uns Ingebrichtsen mit großer Freude obwohl wir schlechte Botschaft brachten und keinen Fisch gesehen hatten. – Wir hatten Besuch auf dem Schiff. Harpunir Eliassen von Ole Naess' Galeas, die jetzt am Ruß elv unserm alten Fangs platz liegt, war gekommen

[158] Norw. bedre vind: (mit) günstigem Wind (segeln).

und wir saßen bald in der Kajüte alle zusammen in vergnügtem Gespräch. Ingebr. hatte 3 Fische gefangen, in einem einen prächtigen Embryo gefunden und in Spiritus sorgfältig conservirt, des gleichen hatte er 2 Gehirne für mich heraus präpariren lassen; 3 Fische ist nun herzlich wenig aber doch ein Anfang. – Eliassen, ein älterer Mann mit grauem Haar und grauem Vollbart ist einer der besten Spitzbergenkenner; ein allgemein beliebter unterhaltender gutherziger Mann dessen einzige große Schwäche der Alkohol ist. Ich [ha] bekam viel Neues und interessantes über [H]den Hvidfisk zu hören, das ich ein andres mal in einem besondern Kapitel niederlegen will. Unterdessen verzehrte ich mit Nils zusammen einen wahren Berg von Eier kuchen; ich nahm mindestens 8 Stück zu mir, ohne eine wesentliche Verminderung meines Appetits zu verspüren. Wir saßen noch in gemüthlichem Gespräch [vers] zusammen, als wir eilige Schritte auf Deck hörten und ein Matrose Hvidfisk verkündete; In einer halben Minute war alles in den Booten, ein Theil zum Jagen, ein anderer um zum großen Netz boot zu rudern. Doch wir konnten nichts sehen. Ingebrichtsen ging in die Tonne zum Fernrohr und bemerkte endlich den Fisch wie er in die Sassenbai einbog; das war nun [ei] jedenfalls besser, als wenn er sich nach außen gewandt hätte. Gegen 2 Uhr Nachts ruderte Eliassen ab, um in der Adventbai[159] nach Ren zu sehen, ich kam nun endlich dazu meine nassen Kleider zu wechseln, und schlief nach langer Zeit zum ersten Male wieder in meiner Koje. Als ich am

Dienstag 10 August

um Mittag erwachte [d] hatte ich das Gefühl, als ob ich niemals in einem Besseren Bette geschlafen hätte als es mein Strohsack darbot. Der Tag verging mit Conservirung der Gehirne.

---

[159] Siehe Fußnote 106.

Mittwoch 11 August.

Um 5 Uhr Morgens Geräusch über meinem Kopfe, darauf todten stille; ich schiebe den Vorhang meiner Koje auf, sehe, daß Ingebr. Koje leer ist; springe nun ebenfalls aus den Federn; und [sprick] komme auf Deck. Die Mannschaft steht still und betrübt da während der Kapitän mit dem kleinen Hecks boote verschwunden ist; eine Masse Fisch ist vorbei geschwommen [ohne] daß man ihn hätte bekommen können, Ingebr. ist auf der entgegengesetzten Seite nach der Sassenbai[160] zu abgerudert um zu jagen, während die Wale in die Adventbai[161] abgeschwenkt sind. Der Harpunir zieht eine Flagge auf um den Skipper herbeizurufen, denn ohne denselben sind sie rathlos; er denkt aber nicht daran ein Boot abzusenden um ihn zu holen. Endlich kommt Ingebr. zurück, hört daß der Fisch in der Adventbai ist, und nun sollen wir als letztes Mittel versuchen den Fisch heraus zu jagen und /in/ das mittlerweile herbei geschaffte Netz zu bringen. Da unter diesen Verhältnissen jeder Mann kostbar ist, erhalte ich Befehl mit dem ältesten Matrosen, Peter, einem erfahrenen Fangs mann das große Fangs boot zu nehmen und ihm wo möglich zu folgen. Der Harpunir mit einem Mann [soll] geht in das andere Fangsboot, 4 Mann in der Jolle zum Netz boot um das Netz auf zu heben und in die Adventbai zu rudern der Kapitän im kleinen Hecks boot mit einem andern Matrosen schießt wie ein Wirbelwind davon, wir hinter ihm her, daß sich die Ruder biegen, jede Minute ist kostbar und unter Umständen Tausende von Kronen werth. Als wir an der Ecke der Adventbai und des Haupt fjordes ankommen sehen wir keine Spur mehr vom Skipper wir rudern des halb längs der Küste in die Bai ein, in der Hoffnung dort das Boot zu erblicken. Wir [sa]sind noch nicht weit hinein gekommen als wir ein Glitzern im Wasser sehen; dasselbe kommt bald näher

[160] Siehe Fußnote 110.
[161] Siehe Fußnote 106.

und näher, jetzt sehen wir weiße [Rü] und schwarzbraune Rücken sich [regelm] dicht gedrängt aus dem Wasser heben; kein Zweifel wir haben den Fisch vor uns. Schon ist er so nahe daß wir deutlich das Schnauben und Pusten hören und die Rauchsäule sehen, [da] kommt er am Boote vorbei, so ist der Fang verloren, da er hinaus ins Fjord geht. Wir beginnen also mit den Rudern zu plätschern, vorsichtig um ihn nicht allzu sehr zu erschrecken; es glückt uns, er wendet nun und verschwindet langsam in der Bai. Was nun? Zum Glück sehen wir draußen im Fjorde das Harpunir boot; [wir] Peter hängt seine Jacke an ein Ruder und schwingt dasselbe. Das Signal wird gesehen, das Boot kommt heran, wir theilen kurz mit, was wir gesehen und gethan haben; der Harpunir, der in allen [S]solchen wichtigen Momenten rathlos ist, weiß nicht, was er thun soll, wir sagen ihm, er solle hier bleiben und Wacht halten, das der Fisch nicht aus komme; wir selbst rudern aus Leibes kräften über die Bai, von Zeit zu Zeit ein Signal gebend, um den Skipper, der [d]auf der andern Seite herumkreuzt, unsere Erlebniß mitzu theilen. Er sieht uns; wir treffen uns in der Mitte des Fjordes; er fragt mich, wie ein Orakel um Rath ob er das Netz ost oder west wärts an die Küste setzen soll. Ich sage, daß ost wärts [t]mehr Hoffnung ist, da der Fisch Lust hatte dort hinaus zu schwimmen. Nach diesen kurzen hastig gewechselten Worten giebt er uns Befehl zur Westseite zu rudern, und sobald wir ein anderes Boot in die Bai hinein gehen sehen, mit dem Jagen zu beginnen. Wir haben kaum unser schweres Fahrzeug an die andere Seite gebracht, so sehen Peters scharfe Augen, das Hecks boot in die Mitte der Bai rudern, wir beginnen nun ebenfalls; werfen die Röcke ab, und nun geht es so schnell wie möglich ein paar hundert Faden von der Küste entfernt in die Bai hinein. Im Grunde derselben der flach und Mudderboden ist, liegt der Fisch und wälzt sich behaglich im Schlamm herum, wir scheuchen ihn mit Steinwürfen und Ruderschlägen auf, er beginnt zu fliehen und nun folgten wir seiner Fahrt so gut es gehen wollte; [ging] dachte er um zu wenden, so begann da[s]

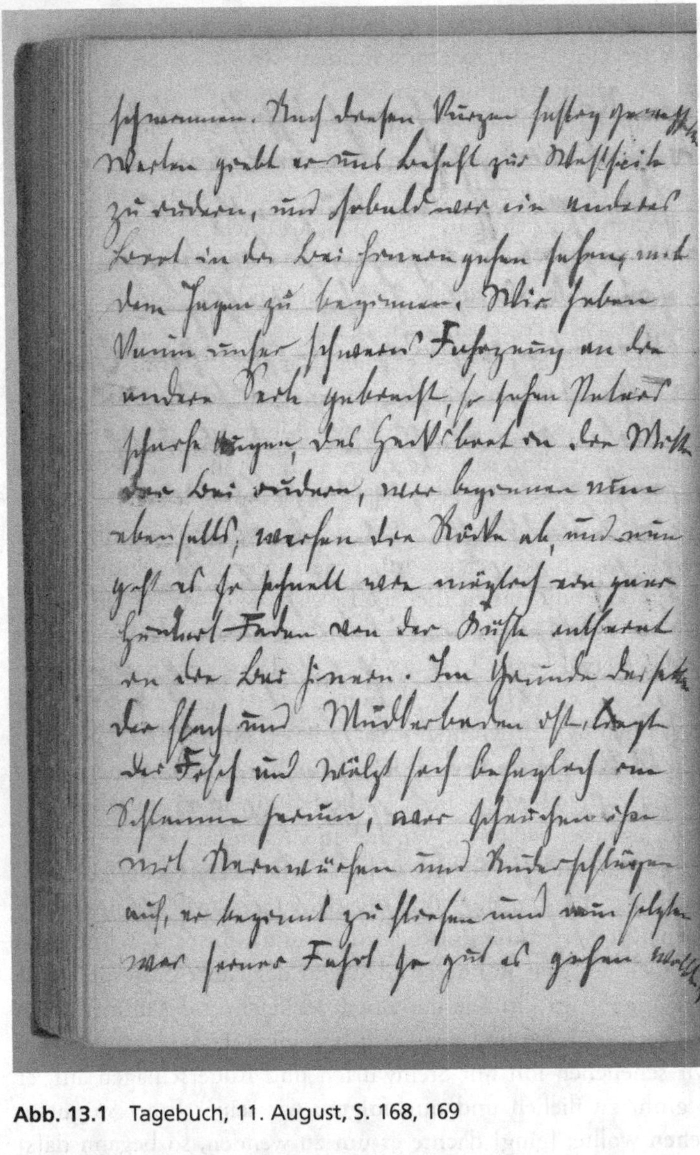

Abb. 13.1 Tagebuch, 11. August, S. 168, 169

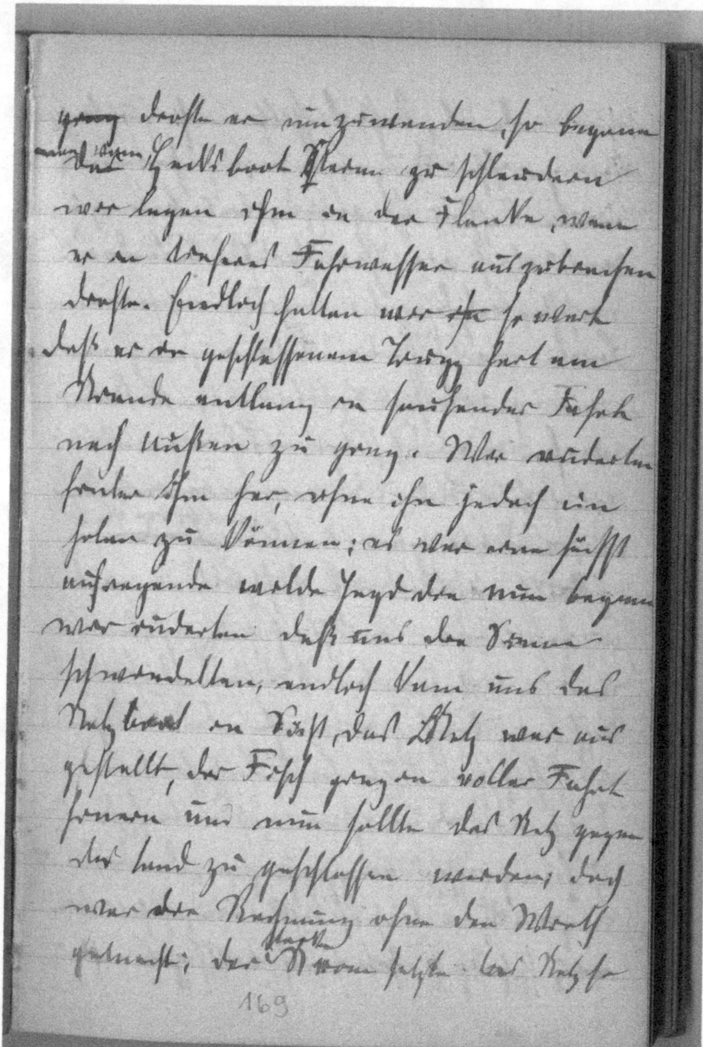
ging dachte er umzuwenden, so begann
[illegible] das Halbboot [illegible] zu schlendern
wir lagen ihm an der Flanke, wenn
er in unserer Fahrwasser aufzubrechen
dachte. Endlich hatten wir ihn so weit
daß er die geschlossenen [illegible] hat uns
Wunde entlang in rasender Fahrt
nach außen zu ging. Wir ruderten
hinter ihm her, ohne ihn jedoch ein
holen zu können; es war eine höchst
aufregende wilde Jagd. Da nun begann
wir ruderten daß uns die Arme
schwindelten, endlich kam und das
Netzboot an Fisch, das Netz war aus
gestellt, der Fisch ging in voller Fahrt
hinein und nun sollte das Netz gegen
das Land zu geschlossen werden; doch
war die Rechnung ohne den Wirth
gemacht; der starke Strom setzte das Netz so
169

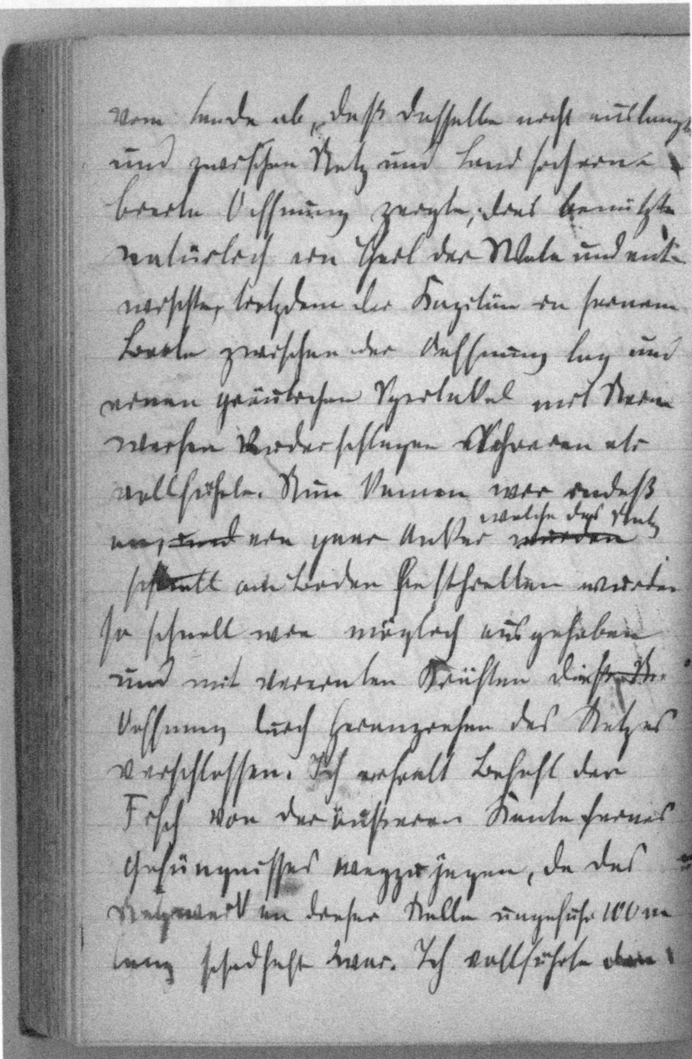

Abb. 13.2 Tagebuch, 11. August, S. 170, 171

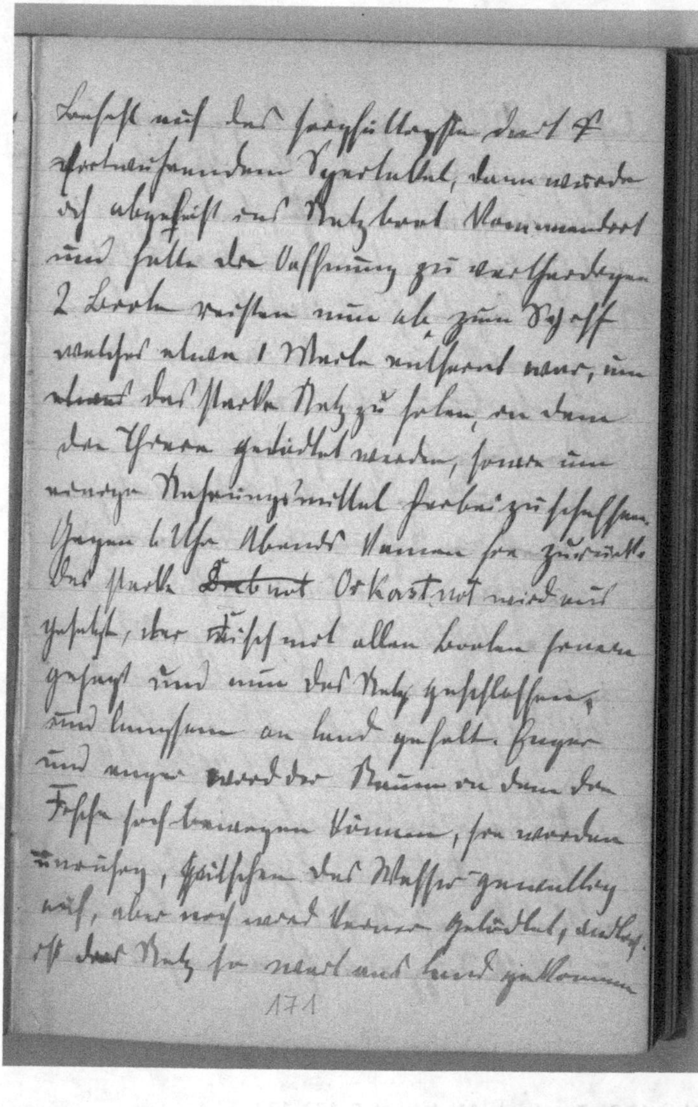

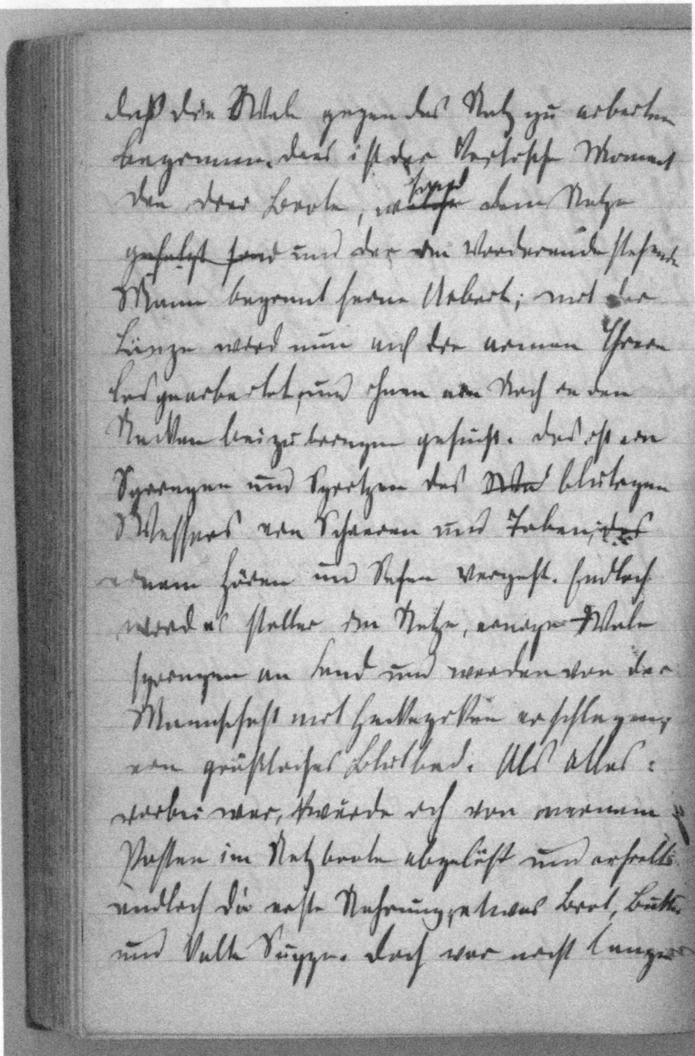

Abb. 13.3 Tagebuch, 11. August, S. 172, 173

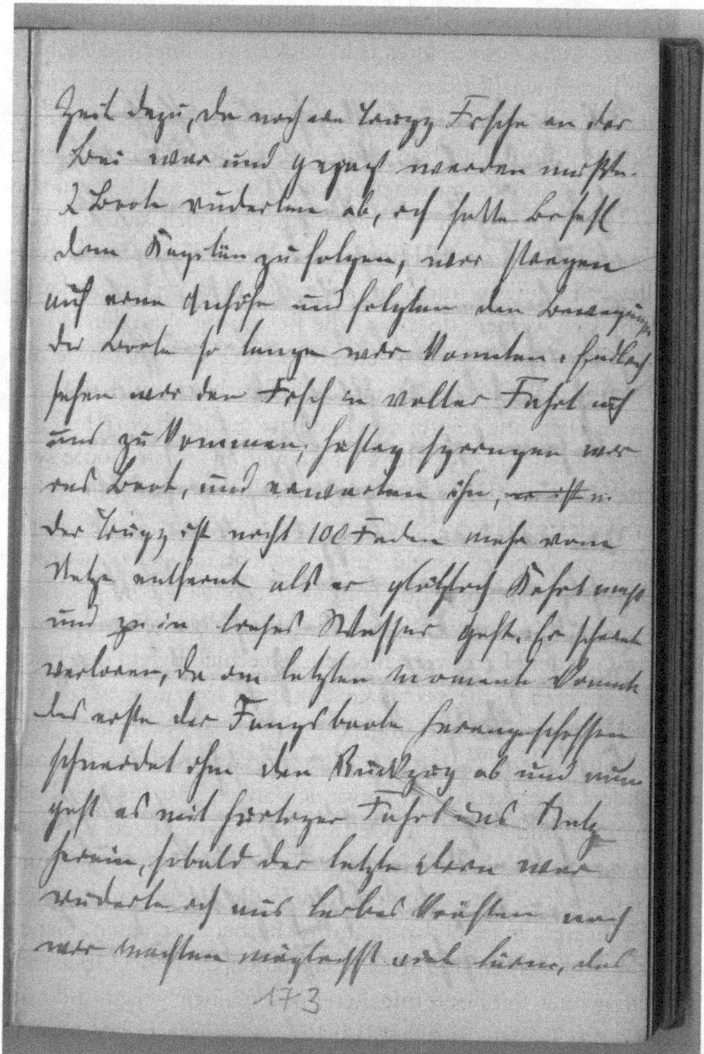

/man vom/ Hecksboot [s]Steine zu schleudern wir lagen ihm an der Flanke, wenn er in tieferes Fahrwasser aus zubrechen dachte. Endlich hatten wir [ihn] so weit daß es in geschlossenem Trupp hart am Strande entlang in sausender Fahrt nach außen zu ging. Wir ruderten hinter ihm her, ohne ihn jedoch ein holen zu können; es war eine höchst aufregende wilde Jagd die nun begann wir ruderten daß uns die Sinne schwindelten, endlich kam uns das Netz boot in Sicht, das [B]Netz war aus gestellt, der Fisch ging in voller Fahrt hinein und nun sollte das Netz gegen das Land zu geschlossen werden; doch war die Rechnung ohne den Wirth gemacht; der /starke/ Strom setzte das Netz so vom Lande ab, daß dasselbe nicht aus langte und zwischen Netz und Land sich eine breite Oeffnung zeigte; dies benützte natürlich ein Theil der Wale und entwischte, trotzdem der Kapitän in seinem Boote zwischen der Oeffnung lag und einen gräulichen Spectakel mit Steine werfen Ruder schlagen [e]Schreien etc vollführte. Nun kamen wir indeß an, [und] ein paar Anker /welche das Netz/ [wurden schnell] am Boden festhielten wurden so schnell wie möglich aus gehoben und mit vereinten Kräfte die [dießNe] Oeffnung durch Heranziehen des Netzes verschlossen. Ich erhielt Befehl den Fisch von der äußeren Kante seines Gefängnisses wegzu jagen, da das Netzwerk an dieser Stelle ungefähr 100 m lang schadhaft war. Ich vollführte d[en][162] Befehl auf das sorgfältigste durch [S] fortwährenden Spectakel, dann wurde ich abgel[f]öst ins Netzboot kommandirt und hatte die Oeffnung zu vertheidigen 2 Boote reisten nun ab zum Schiff welches etwa 1 Meile entfernt war, um [etwas] das starke Netz zu holen, in dem die Thiere getödtet werden, ferner um einige Nahrungsmittel herbei zu schaffen. Gegen 6 Uhr Abends kamen sie zurück. Das starke [Drebnot] Orkastnot wird aus gesetzt, der Fisch mit allen Booten hinein gejagt und nun das Netz geschlossen, und langsam an Land geholt. Enger und enger wird der Raum in dem die Fische sich bewegen können, sie

---

[162] Tintenklecks.

werden unruhig, [s]peitschen das Wasser gewaltig auf, aber noch wird keiner getödtet, endlich ist das Netz so weit ans Land gekommen daß die [S]Wale gegen das Netz zu arbeiten beginnen. Das ist der kritische Moment die drei Boote, [welche] /sind/ dem Netze [gefolgt sind] und der am Vorderrande stehende Mann beginnt seine Arbeit; mit der Länze wird nun auf die armen Thiere los gearbeitet, und ihnen ein Stich in den Nacken bei zu bringen gesucht. Das ist ein Springen und Spritzen des [Was] blutigen Wassers ein Schreien und Toben; [das] einem Hören und Sehen vergeht. Endlich wird es stiller im Netze, einige Wale springen an Land und werden von der Mannschaft mit Hackepiken erschlagen; ein grässliches Blut bad. Als alles vorbei war, [k]wurde ich von meinem Posten im Netzboote abgelöst und erhielt endlich die erste Nahrung, etwas Brot, Butter und kalte Suppe. Doch war nicht lange Zeit dazu, da noch ein Trupp Fische in der Bai war und gejagt werden mußte. 2 Boote ruderten ab, ich hatte Befehl dem Kapitän zu folgen, wir stiegen auf eine Anhöhe und folgten den Bewegungen der Boote so lange wir konnten. Endlich sehen wir den Fisch in voller Fahrt auf uns zu kommen; hastig springen wir ins Boot, und erwarten ihn, [er ist ni] der Trupp ist nicht hundert Faden mehr vom Netze entfernt als er plötzlich Kehrt macht und [zu] in tiefes Wasser geht. Er scheint verloren, da im letzten momente kommt das erste der Fangs boote herangeschossen schneidet ihm den Rückzug ab und nun geht es mit hurtiger Fahrt ins Netz hinein, sobald der letzte drin war ruderte ich aus Leibes kräften nach wir machten möglichst viel Lärm, das Netz wurde möglichst schnell geschlossen und dies mal entkam keiner. Nun ruderte ich den Kapitän ans Netz heran, wir setzten orkastnot aus jagten den Trupp hinein und begannen das Tödten, dies mal hatte ich den Anblick in aller nächster Nähe, auch die Nachtheile, denn wir waren allesammt von dem herum spritzenden Blut und Wasser gründlich durchnäßt. Nun wird eine Doppelwacht an Land gesetzt und wir rudern [d]zum Schiffe zurück, eine Meile in nicht ganz einer Stunde zurücklegend. Gegen Donnerstag

Morgen 12 Uhr kommen wir [d]an, der Koch muß geräuchertes Fleisch braten und wir beginnen eine gründliche Mahlzeit zu halten. Dann wird der Anker aufgewunden, das Schiff segelklar gemacht und wir gehen ins Fjord hinaus um zum Fangs platze zu gelangen. Der Wind flaut aber und wir müssen /von Neuem/ Anker werfen. Nun geht es ein paar Stunden tilKojs

Donnerstag d. 12 August.

Am Mittag frischt der Wind an, wir umsegeln Odden und Grund bank und können bald gegenüber dem Schneefelde Anker werfen. Inzwischen ist eine andere Jacht in die Bai eingesegelt Markus Tonne von Tromsoe, der am Nachmittag [he] zu Besuch herüberkommt und zum Fange gratulirt [W] Er erzählt, daß die Fangsaussichten sich nicht gebessert hätten, die Resultate sind klägliche 50-60 Tonnen Speck gilt für ein guter Fang. (wir haben gegen 300 Tonnen an Bord). In das Storfjord kann man nicht hinein, dasselbe liegt dicht voller [Mass] Eis. [S]Breite Eismassen rücken vom Südroy[163] herauf und verschließen alle Fjorde. Ein französischer Dampfer, welcher von Norwegen herübergefahren ist, und die Insel Hopen[164] besuchen wollte, gelangte statt dessen [zu] /in die Nähe/ des Hornsundes; ein angepiepter[165] Schiffer sucht den Irrthum auf zu klären, alle die Herren Kapitäne und Steuerleute [erklären] sind nur schwer zu überzeugen daß ihr Bestik[166] einen Fehler von 44 geogr. Meilen auf weist, [d]Trotzdem ein Lootse aus Tromsö an Bord ist, scheint es den Herren Franzosen nicht geheuer hier zu Lande, sie sind aller Wahrscheinlichkeit wieder nach

---

[163] Siehe Fußnote 60.

[164] www.placenames.npolar.no gibt folgende Position für diese Insel an: 76.58; 25.16.

[165] Siehe Fußnote 66.

[166] Siehe Fußnote 49.

Europa abgedampft, ohne sich der Küste genähert zu haben. – Nachdem wir uns mit einem Glase Portwein aus der einzigen Flasche, welche wir noch besitzen, gelabt hatten, [wurd]reisten wir auf Land. Jonsen welcher fleischlos ist, nahm sich ein paar Flossen mit, da diese genießbar sein sollen, die Mannschaft begann nun das Abspecken. Zuerst wird die Haut am Leibe auf geschnitten, dann das Thier umgewälzt und ein 2 ter Schnitt in die Rückenlinie geführt. Haut mit Speck, der 3-10 Centimeter dick ist, werden im Seewasser abgewaschen und an Bord bugsirt. Dort beginnt ein anderer Theil der Mannschaft das [S]Lostrennen des Speckes von der [L]trocken Lederhaut. Auf einer schräg liegenden Planke wird die Haut herauf gezogen und mit einem 2 Fuß langen scharfen Speckmesser wird der Speck los getrennt, [da] dieß hat der Harpunir zu besorgen, ein anderer füllt die Speckstücken in eine mit Handhebe versehene Tonne und läßt dieselbe in den Raum herab, vor ein Dieltor. Das Auffüllen der Fässer beginnt; so geht [es] /die Arbeit/ ganz fabrik mäßig von Statten. In den 10 abgespeckten Thieren fanden sich keine Embryonen und ich gab die Hoffnung, mehr zu finden auf. Am Abend begannen wir die Thiere höher auf den Strand herauf zu ziehen, da die Fluth eintrat, dann setzten wir orkastnot aus, um [den letzten] /diesen/ Fisch zu fangen, der uns bei dem letzten Fischzug entkommen war und sich in dem vom großen Netze (800m) gebildeten Bassin herumtummelte, da die Leute besonders der Harpunir nicht erst die Befehle des Kapitäns abwarteten sondern selbständig vorgingen, so stiegen wir beide auf die [A]benachbarte Anhöhe um das Schauspiel anzusehen. Sie fingen die Arbeit so verkehrt an, daß sie den Fisch anstatt ins Netz [z]in den Zwischenraum zwischen beide Netze jagten Als sie einsahen, daß es so nicht ging waren sie nun ganz rathlos. bis der Kapitän sie erlöste, er ließ ganz einfach das Netz schwenken und in kurzer Zeit hatten wir das Thier [am] todt am Lande. Nun ruderten wir an Bord tranken Morgenkaffee und schliefen bis zum Mittag des

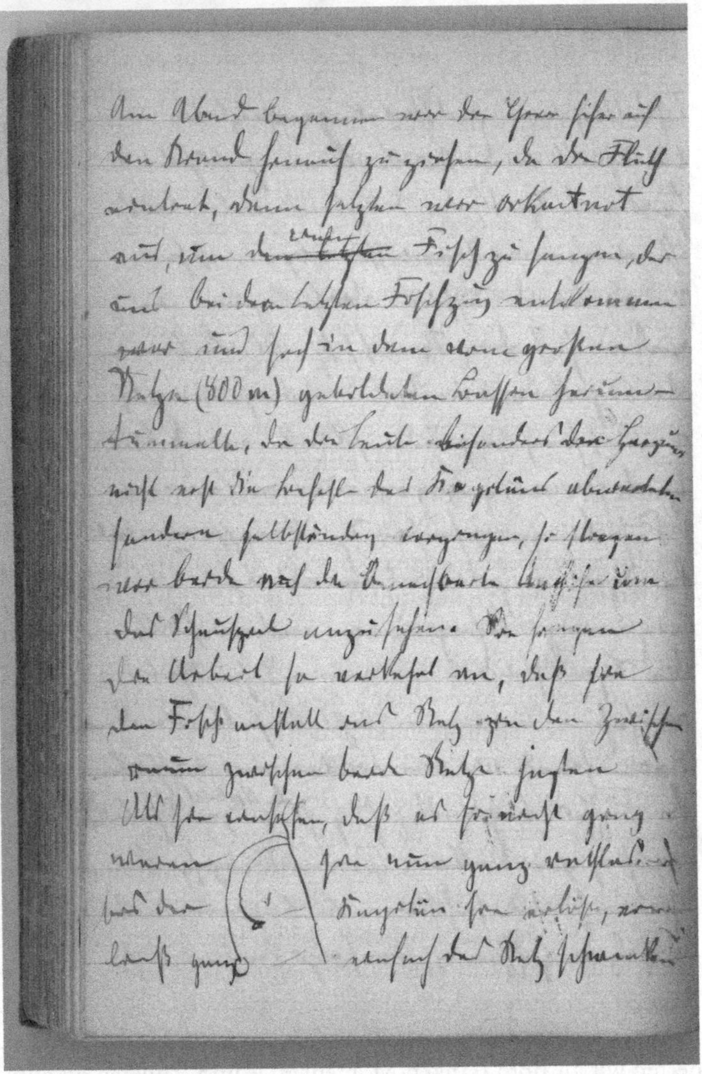

Abb. 14 Tagebuch, 12. August, S. 178, 179

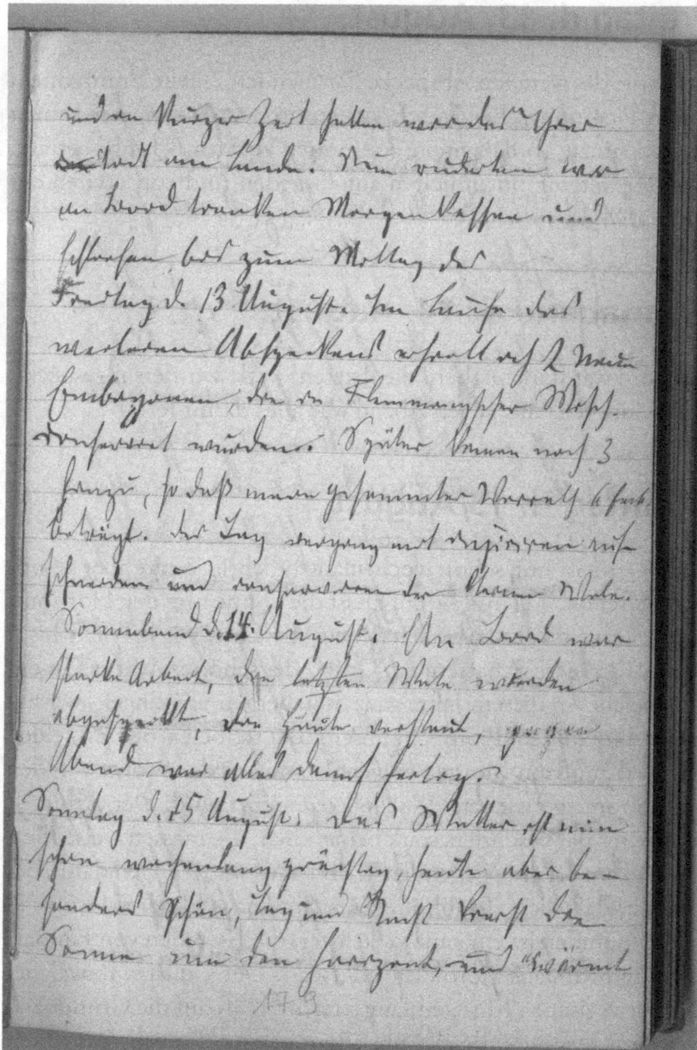

und in kurzer Zeit sollen wieder ihre
Arbeit an [illegible]. Nun [illegible] wir
an Bord tranken Morgenkaffee und
schliefen bis zum Mittag d.
Freitag d. 13 August. Im Laufe des
[illegible] Abspeckens erhielt ich 2 Mann
herbeigezogen, die an [illegible]
[illegible] wurden. Später kamen noch 3
Fänge, so daß unser gesammelter Vorrath 6 [illegible]
beträgt. Der Tag verging mit Abspecken aus-
schneiden und [illegible] der kleinen Wale.
Sonnabend d. 14. August. An Bord war
starke Arbeit, die letzten Wale wurden
abgespeckt, die Häute [illegible], gegen
Abend war alles damit fertig.
Sonntag d. 15 August. Das Wetter ist eine
schon [illegible], heute aber besonders schön, Tag und Nacht brennt die
Sonne um den Horizont, und wärmt
173

Freitag d. 13. August.

Im Laufe des weiteren Abspeckens erhielt ich 2 neue Embryonen, die in Flemmingscher Misch. conservirt wurden. Später kamen noch 3 hinzu, so daß mein gesammter Vorrath 6 Emb. beträgt. Der Tag verging mit injiciren aufschneiden und conserviren der kleinen Wale.

Sonnabend d. 14. August.

An Bord war starke Arbeit, die [letzten] Wale wurden abgespeckt, die Häute verstaut, gegen Abend war alles damit fertig.

Sonntag d. 15 August.

Das Wetter ist nun schon wochenlang prächtig, heute aber besonders [S]schön, Tag und Nacht kreist die Sonne nun den Horizont, und wärmt mit ihrem vollen Schein die Luft, wir haben 4 bis 5 Grad Wärme im Schatten; der Grund des schönen Wetters ist das Eis, welches in diesem Jahre ganz Spitzbergen um zingelt, wir haben es nun in dem Fjorde, in unserer Bai treiben große Eis felder, das Netz muß am Morgen eingeholt werden, da es sonst von den vom Strome gerissenen [E]Schollen zerstört wird. Der Strom ist in unserer Bai besonders stark bemerklich; die massen weise [herumlieg] am Strande liegenden Treibhölzer sind Zeugen dafür, der Glaube, daß diese Treibhölzer von Süden wohl gar von mexik. Golfe stammen ist ein ganz verkehrter; diese werden von Finmarkens und Rußlans Nordküste abgesetzt. Der Golfstrom, welcher der norwegischen Küste entlang streicht, trifft auf die Grundbank welche sich vom Südroy[167] über Rent oeland[168] nach Finmarken

---

[167] Siehe Fußnote 60.
[168] Reinholmen, s. www.placenames.npolar.no.

herabzieht; [ein Th] Es ist leicht erklärlich, daß der Strom, welcher eine Tiefe von 3000 bis 4000 [F]meter erfüllte nicht [über] /auf/ eine 5-600 m. Dicke zusammengedrängt werden kann, ein Theil wendet sich also westwärts, während der andere seine Richtung mehr bei behaltend die Westküste Spitzbergens bestreicht; wir haben aber noch des dritten Armes zu gedenken. Dieser geht längs des Continentes an den Küsten Finmarkens und Rußlands vorbei bis nach Sibirien, wendet sich nordwärts wo er das Nordkap Novaja Semlias erreicht, hier kehrt er um, ein[en] das ganze Jahr[e] mit [robir] rotirendem Treibeis erfülltes Becken bildet, geht west wärts und vereinigt sich mit dem direct aufsteigendem Aste zu einem die Westküste [b]Spitzbergens bestreichenden Strom; dieser von osten kommende Strom ist es, welcher alle die Eis massen mit sich bringt, welche noch jetzt im Spätsommer alle Fjorde erfüllten, und in diesem Jahre eine Einsegelung in dieselben sehr erschweren. Der von der Grundbank abgehende west wärts sich wendende Ast [ber] verliert sich im unbekannten Polarmeer es ist wohl möglich, daß er an der Westküste Grönlands wieder auf taucht, wo er als starker Strom sich in Davis straße[169] begiebt. Während also eigentlich das Polareis bis nach Finmarken herab liegen und dieses theilweise überdecken sollte sind es die starken von osten nach westen streichenden Ströme welche dies verhindern und das [E]Treibeis nordwest wärts jagen. [Es] Das [Gr] Westeis liegt. ja dicht vor uns, [es] /seine Grenze/ beginnt etwas [d]nördlich von Prinz Charles Foreland[170] und setzt sich süd-west wärts fort, um auf Bäreninsel breite scharf westwärts zu streichen, dann folgt es der Gronlands küste überdeckt Ian Meyen und reicht bis Island herab, so daß es wie z. B. im letzten Jahre /noch im Sommer/ [Soh] mitunter Schwierig keiten hat, dorthin zu gelangen. – Der Sonntag wurde in gleicher Weise verbracht wie seine Vorgänger etwas gemalt, dann am Abend ein Spaziergang

[169] Davisstreet: zwischen Grönland und Baffinland.
[170] Prins Karls Forland.

unternommen, zuerst bergan um die Eis Verhältnisse zu inspiciren, wir [z]stiegen [4]3 bis 400 Meter bergan, und sahen von da aus daß, so weit Auge und Fernrohr reichte Eis massen vor der Fjord öffnung liegen. Es ist eines der größten Eisjahre, welche die Geschichte Spitzbergens auf zu weisen hat. – Als Schlaftrunk auf diesen Schreck wurde eine Spiritus aeggedosis[171] bereitet und geschlürft.

Montag 16 August.

Vom Morgen bis zum Abend Arbeit. Zuerst eine Scrape von Bord des Schiffes aus; der schmierige Mudder brachte sehr wenig Thiere mit sich, wir fuhren deshalb, Gustav und ich, weiter gegen die Mündung der Bai in das Haupt fjord zu. scrapten mit bugsiren in 110 m Tiefe und sichteten an Bord des Schiffes, wir fanden einen Asteriden, verschied. Annel. Pectinarien besond. u Lamellibr. in großer Anzahl. Am Nachmittag [fuhren] reisten wir über den selben Scrapeplatz hinaus, [nach] in die Mitte der Bai, fanden dasselbst ebenfalls nur 110 Faden Tiefe u dieselben Thiere außerdem einen weißen Polycrinoiden. Das Sichten und Conserviren nahm lange Zeit in Anspruch, der Abend wurde mit Abbalgen einer Lumme sowie Reinigen der 3 Hvidfisk Köpfe [f] ausgefüllt, dann Abendbrot gegessen Cacao mit Ei sowie Eierkuchen in ungezählter Masse, und hierauf die überaus herrliche von der Nacht sonne beleuchtete Landschaft bewundert; die zarten grünen bis rosarothen Farben des Himmels, die Ferneren [rot] braun rothen [Berge] mit Schnee bedeckten /Berge/ das [sehr] blaue glänzende Meer mit seinen unzähligen Eis feldern, die [in] ebenfalls e die reinsten zartesten Farben zeigen, dazu die herrliche erhabene Stille giebt eine [gr] wohlthuende Stimmung nach des Tages Last und Arbeit. Man fühlt sich so erhaben über kleinliche Sorgen, man

---

171 Siehe Fußnote S. 134.

steht als ein Nichts, eine Null, in dieser un [be] /um/ schränkt waltenden Natur, [daß] und doch kommt, vielleicht unbewußt, das [be] stolze Gefühl hinzu, alle diese [B] Schwierig keiten welche die Naturkräfte uns in den Weg legen, durch [den] Willenskraft theils besiegt zu haben, theils besiegen zu können, und u in dieser Nußschale von Schiff, welches von /einigen/ treibenden Eis/blöcken/ zu Staub zermalmt werden k[ö]ann[te], allen Gefahren zu trotzen.

Dienstag d. 18 [J]August.

Mit dem Sommer ist es nun vorbei; starker Sturm aus Süd mit Regenschauern; empfindlich kalt. Die paar Pflänzchen, welche noch auf den Marken ihr Leben fristen müssen sich beeilen, wenn sie Früchte zeitigen sollen; denn nun kommt der Winter schnell herbei, [;] wir können jeden Tag Schneefall erwarten. – Die Sonne ist den ganzen Tag unter schneeigen Wolken verborgen; es ist behaglich in der warmen Kajüte zu sitzen, während in den Tauen der Sturm pfeift. Die armen Matrosen müssen heute bei diesem Hundewetter ihre mühselige Scraparbeit fortsetzen, und die Oelfarbe vom Schiffe abkratzen, Ingebr. schont sich selbst nicht und ist in gleicher Arbeit beschäftigt; ich habe dazu keine Lust, conservire lieber [die] Hvidfiskembry von denen 3 in Wasser zum Auslaugen kommen. Das war eine gewagte schwierige Conservirung; nur ein großes Einmachglas stand mir als Behälter zur Verfügung; ich erzielte die Härtung dadurch daß ich die 2 Flaschen Flemm. Mischung täglich wechselte, ein kostbares Vergnügen. Trotzdem die 3 Wale durch Aneinander liegen ihre Form etwas verloren haben, scheint mir doch die Conservirung gelungen. Den gestrigen Fang conservirte ich vollends, theils in Subl. theils in Alk 30. Dann wurde etwas gemalt, etwas nachgedacht; (mir geht ein Satz aus meiner letzten Arbeit im Kopf herum, ich hätte darin statt „Nervensystem“ blos „Gehirn“ setzen sollen; es ist die gewagte

Behaupt. mit rudiment Characteren des Archannelidennervensystems. Dann dachte ich an Tübingen, falls daraus etwas werden sollte; ich werde mich stark widerspänstig zeigen, wenn ich nicht ein eigenes Laboratorium bekomme; lieber arbeite ich in meiner Privatwohnung; Ueberhaupt Vorsicht! Das Leben dort wird mir wohl sauer genug werden; nur zurückgezogen! Wie sieht es wohl jetzt zu Hause aus; es ist unangenehm, daß man so wie begraben, von aller Welt abgeschlossen ist; es war aber beim besten Willen nicht möglich Nachricht zu senden, denn [alle] die hier angezeigten Schiffe kommen sämmtlich später heim, als wir. Hoffentlich ist alles wohl und munter! Was werden wohl die Coburger Philister sagen wenn ich wiederkomme. Als ich reiste, hielt mich, das ist meine feste Ueberzeugung, ein Theil für verrückt, nun da ich, mit guten, ja ich kann sagen, glänzenden Resultaten heim komme, wird man mich theilweise als Wunderthier betrachten; ich hoffe dem aus dem Wege gehen zu können

Etwas über Eisverhältnisse

[Gr] Die [Mem] leichtere oder erschwertere Oeffnung [d]Spitzbergens für [d]Schiffe beruht [auf Wind] wohl haupt sächlich auf den Winden, welche das Jahr über geblasen haben. [S]Im Winter liegt das Eis, welches aus einzelnen größeren und kleineren Schollen besteht, bis herab 20 Meilen von Norwegen entfernt, im beginnenden Sommer beginnt es zu schwinden und zu treiben; im Laufe der Zeit wird zunächst die Westküste frei; betrachten wir nun die Umstände, welche eine Versperrung der Westküste herbei führen; das sind erstens viel. Eis im Osten nach Novaja Semlia zu, dann Winde in den /Süd/ östlichen Quadranten, diese bringen die treibenden Eismassen entweder längs des[r] Storfjordes Küste oder falls dieses Fjord, wie gewöhnlich voll Eis ge[b]packt ist, direct zum Südroy,[172] [bef] dasselbe geschieht bei [ganz] ruhigem

[172] Siehe Fußnote 60.

Wetter, dann setzt der Nach Westen gehende Strom das Eis diesen Weg. Hat dasselbe das Südroy erreicht, so wird es von dem starken über die Grundbank hinweggehenden Strom erfaßt und längs der [f] ganzen Westküste bis zum [Nordwestcap, Norsk oen,[173] etc. geführt] es Nordwestlande geführt. Der Eisstreifen, welcher [de] in diesen Tiefen, wo diese Verhältnisse zutreffen, die West küste so umzingelt, ist gewöhnlich nicht breit sidich[174] vom Pine is,[175] ein Eis, welches Schiffahrt und Fang sehr hindern kann. Dieses Jahr ist also für die West küste ein Eisjahr. Der Streifen verschwindet, wenn das Eis im Osten so geschwunden ist, daß es [nach] der Ost Küste von Stens Foraland[176] und Barendsland folgt, oder, wenn starke Südwestwinde die Eisstreifen abschneiden oder auch wenn starke Nord u Nordwestwinde, das Eis ins Meer hinaus nach Süden treiben. Das Eis, welches sich nun der Ostküste entlang begiebt, [strebt] geräth zum Theil auf eine zwischen Barents u Gilesland[177] sich erstreckende Grundbank, hier [sitzt] staut sich nun das Eis massen weise auf und da außerdem hauptsächl todtes Meer die Ostküste begrenzt so ist es selten, daß die Eismassen aus einander weichen. Im Norden sieht es mit den Eis verhältnissen folgendermaßen aus. Gewöhnlich liegt das Eis im Sommer nicht weit vom Nordwestlande entfernt, besteht aus großen u kleinen aneinander gepreßten Eisfeldern, die eine dichte Decke bilden f so daß man darauf wie auf dem Lande spazieren kann; kommen starke südliche u vor allem südöstliche Winde so weicht es etwas zurück und oeffnet die Hinlopenstreite[178], die fast jedes Jahr eine Zeit lang segelbar ist, jedes 2 te u dritte Jahr

[173] Siehe Fußnote 114.
[174] Wohl eine Kombination aus Norw. breiside, dän. bredside und deutsch Breitseite.
[175] Norw. pine: quälen, foltern; is: Eis.
[176] Stones Foreland, 77,5° N, 23,7° O; Ostküste von Edgeøya, s. www.placenames.npolar.no.
[177] Anderer Name für Kong Karls Land, s. www.placenames.npolar.no.
[178] Siehe Fußnote 96.

kann man bis zum Nordostlande gelangen, [jed] an die ostseite desselben zu [gelan] kommen ist jedoch äußerst selten. Das Eis welches von Südwestwinden nach NordOsten gedrückt wird, kommt bald wieder wenn der Wind abflaut, [d] nach Nordwesten dagegen zieht das Treibeis schneller. Von großen Eisjahren der letzten /beiden/ Decennien ist 1866 [zu] u 1881 u 82 zu. 66 kam man nur ganz kurze Zeit unter Land und mußte dasselbe schnell wieder verlassen, 81 lagen die Schiffe die ganze Zeit über in der Nähe der Moselbai[179] konnten aber nicht weiter kommen. 1886 kann deshalb zu ungewöhnlich[en] großen Eisjahren gerechnet werden, weil erstens die Westküste noch am heutigen Tage am, 18 August mit Eis umzingelt ist, welches die Fjorde erfüllt, ferner, weil die Schiffe nicht ins Storfjord gelangen können; da dasselbe dicht voll Eis gepackt ist, drittens weil die nordwärts liegenden Schiffe vor Norsk oen liegen und nicht weiter kommen können. – Das bringt großes Elend in viele Familien!

Mittwoch d. 18 August.

Die ausgewässerten Embryonen kommen nach 24 Stund. liegen in Alkohol. Regenreiches stürmisches Wetter.

Donnerstag d. 19 August

Sämmtliche Tuben circa 300 Stück erhalten neuen Spiritus, eine Arbeit die Vor wie Nachmittag in Anspruch nimmt. Der Spiritus in den Blechbüchsen wird ebenfalls gewechselt Am Abend Schneefall auf den Bergen

---

[179] Mosselbukta.

Freitag d. 20 August.

Revision der gesammten Aus beute. Spiritus. wechsel etc. etc. Das Wetter ist das gleiche; Regen aus Süden etwas Wind u Seegang, das Thermometer steigt auf 5,5 Grad gegen 11 Uhr Vormittags und besteht jetzt noch gegen 5 Uhr Abends auf 4 Grad. Es ist eine Abnahme der Helligkeit nicht zu verkennen, wozu allerdings die schwarzen Regenwolken ihr Theil dazu bei tragen. Mit der Vegetation ist es nun, wie mit einem [s]Schlage zu Ende. Die schnee und eisfreien Stellen auf denen sich im Sommer etwas Grün zeigte, sind nun kahl und [hat] stechen mit ihrer schwarzbraunen braun kohlen artigen Farbe, von den [bläu] graublauen Schneeflecken bedeutend ab. Nun noch ein paar Wochen und wir haben Winter hier; Wir denken stark an die Heimreise; wohl bringt mitunter auch der September noch einzelne schöne Tage, im allgemeinen beginnt aber die Zeit der großen Stürme und des schlechten Wetters; besonders unter diesen Eisverhältnissen und traurigen Fangaussichten ist es wohl das beste, dem /Nord/ Pole den Rücken zu wenden, und ein mal zu versuchen wie es in von Menschen bewohnten Gegenden aus sieht. Das Leben hier wirkt so intensiv auf Körper wie Geist, daß es mir vorkommt, als ob ich niemals andere Verhältnisse kennen gelernt hätte, als ob diese wilde Leben etwas ganz normales wäre. In bezug auf /den/ Geschmack zum Beispiel kann ich mich unmöglich erinnern, wie frisches Brod schmeckt; dieser Genüsse wie Bier etc. gar nicht zu gedenken. Eine merkwürdige Vorliebe habe ich in meinen Eß /u Trink/ phantasien für Moselwein, ich glaube, daß ich so bald ich nach Deutschland zurück gekehrt bin, /in diesen/ [60] Wein /hinein/ [k]steigen werde. Wie wird es wohl nun zu Hause aus sehen; was ist in dieser Zeit in der Stadt, was in der Wissenschaft, was in der Politik passirt? Vielleicht haben wir Krieg. Was haben die weisen Tübinger Herren über mich beschlossen; ich [so] würde nicht unzufrieden sein, wenn sie mich nicht für würdig erachten, in ihren olympischen Göttersitzen einen Platz einzunehmen; es kommt mir vor, als ob ich aller Freiheit Valet sagen müßte, um in diese widrigen Verhältnisse hinein zu kommen. Lieber würde ich mich nach Jena setzen und im dortigen Laboratorium in 2 bis 3 Jähriger Arbeit ein Werk zu schaffen, dessen Inhalt wesentlich aus Arbeiten über spitzbergisches Material bestehen soll. Mir schwebt der Gedanke vor, eine [großes] Reihe Abhandlungen, Theils systematischer Natur, Theils Abhandlungen über Embryologie der Beluga, Vergl: Anatomie des Hyperoodon und Beluga gehirns, sowie einzelne /kleinere/ anatomische u histologische Arbeiten an Evertebraten[gehirne] zusammen zu fassen und i[m]n /den/ Rahmen einer nicht populär[en], aber gemein verständlich geschriebenen Reisebeschreibung diese Arbeiten als einzelne Kapitel einzu schalten. Besonders muß ich darauf achten, alle [f]Fremdwörter zu vermeiden; das wissenschaftliche Kauderwelsch, welches ja vielfach nur den Mangel an geistigem Inhalt verdecken soll, ist unbedingt zu verdammen. Andererseits soll man dem Laien nicht um ein Haar breit entgegen kommen, mit ausführlicheren Auseinandersetzungen. Ist er so gebildet und so interessiert für unsere Wissenschaften, so soll er sich die Mühe nicht verdrießen lassen, sich etwas in unsere Begriffe einzu arbeiten, ein Entgegenkommen in dieser Hinsicht würde ganz entschieden der wissenschaftlichen Schärfe der Arbeit schaden ein tiefer Gedanke soll mich bei Abfassung meines Werkes leiten, als mustergültig habe ich in dieser Hinsicht Grubes Ausflug nach Triest und dem Quarnero[180] ins Auge gefaßt. Ein anderer Gedanke, der mir nahe tritt ist der, meine Bekannten, welche Material von mir beziehen, auf zu fordern mir die Manuscripte zu überlas-

---

[180] Grube, Adolph Eduard: *Ein Ausflug nach Triest und dem Quarnero. Beiträge zur Kenntniss der Thierwelt dieses Gebietes.* Berlin, Nicolai, 1861. Die hier geschilderten Publikationspläne setzt Kükenthal zum Beispiel 1889 in seiner Schrift *Vergleichend Anatomische und Entwickelungsgeschichtliche Untersuchungen an Walthieren* um.

sen, vorläufig habe ich Lang[181], Weissenborn[182] und E. Mayer ins Auge gefaßt; mit letzerem dürfte es seine Schwierigkeiten haben, wenn er bis dahin seine Verbindlichkeiten gegen Steegel nicht gelöst hat. Gleichzeitig mit diesen verschiedenen Arbeiten führe ich unter allen Umständen meine Monographie weiter fort, sowie veröffentliche in den Mittheilungen der zoologischen Station eine durchweg genaue Characteristik der Opheliaceen der Chierchiaexpedition,[183] diese stelle ich bis Ostern 87 sicherlich fertig. Wenn nur nicht das vermaledeite Tübingen dazwischen käme; mit meinen 25 Jahren bin ich ja viel zu jung für die Docentencarriere, aber das Geld! Nur 2000 Mark jährlich und ich könnte ungehindert bis zum dreißigsten Jahre schaffen, dann ist es immer noch Zeit zum erhabenen Docententhum. An Material zu [t]exakten anatomisch histologischen Arbeiten habe ich

1) 4 Gehirne von Hyperoodon bidens.
2) 4 Gehirne von Beluga leucas.
3) Eierstöcke von Hyperoodon, Beluga Robben;
4) Eingeweidewürmer aus dem Magen von Beluga, sowie aus dem Gehörgang desselben Wales.

[181] Arnold Lang (1855-1914), promoviert 1876 in Jena. Uschmann vermutet, dass als Dissertation seine Übersetzung von Lamarcks *Philosophie zoologique* anerkannt wird. Er habilitiert sich in Bern, kehrt 1885 nach Jena zurück, wo er einen Ruf als Professor erhält, und zwar auf die nach ihrem Stifter genannte Ritter-Professur; s. Uschmann, 1959, S. 113.

[182] Bernhard Weißenborn (1858-1889), promoviert 1885 bei Ernst Haeckel über *Beiträge zur Phylogenie der Arachniden;* 1886-87 ist er Assistent am Jenaer Zoologischen Institut, anschließend an der Forschungsstation Kamerun, wo er an einer Tropenkrankheit stirbt; s. Uschmann, 1959, S. 192. E. Meyer findet keine Erwähnung bei Uschmann, von ihm berichtet aber Kükenthal, 1887, S. 4, als „meinem Freunde", er habe eine Anleitung, wie man Nervenpräparate anfertigt, von ihm übernommen.

[183] Siehe Römer und Schaudinn, 1900, Bd. I, S. 175: Die Expedition des Italieners G. Chierchia mit der Königlichen Korvette „Vettor Pisani" wird in der Literaturliste erwähnt. Die erwähnte „Characteristik" veröffentlicht Kükenthal 1887 als Habilitationsschrift unter dem Titel *Ueber das Nervensystem der Opheliaceen.*

5) 6 Embryonen von Beluga leucas, verschiedener Größe 4 Conservirte in Flemmingscher Mischung. 2 in Alkohol 70%. Mehrmaliger Alkoholwechsel.
6) Pelagische Thiere aus den Tiefen des Golfstromes unter 75° Breite.
7) Eine neue Art Ammotrypane zu histologischen Zwecken auf mannigfachste Art conservirt 2 Nervensystempräp. desselben Thieres mit Osmiumsäure.
8) Sammlung von Anneliden. syst.[184]
9) Sammlung von Crustern syst.
10) Sammlung von Lamellibr. syst.
11) Sammlung von [A]Tunikaten syst.
12) Samml. von Coelenteraten syst.
13) Samml. von Echinodermen syst.
14) Samml. von Fischen syst.
15) Samml. von Bryozoen syst.

Eine Anzahl Arbeiten [erg] können sich aus dem von 8-15 auf gezähltem Material ergeben

16) Osteologisch. 3 [Hvid]Kopfscelette von Beluga leucas. 1 Kopfscelet von Trichechus, 1 Kopfscelet von Polarfuchs. –

Biologisches über Beluga leucas: dieser Zahnwal, welcher nur [die fast] Meere des hohen Nordens bewohnt, ist ein auf steter Wanderung begriffenes Thier. In dem Rücken eines erbeuteten Thieres fand Ingebrichtsen eine Kugel auf der 10 Züge ihre Spuren zurück gelassen hatten; eine 10 zügige[s] [Gewehr] /Büchse/ wird nun von dem europäischen Fangsvolk bestimmt nicht gebraucht. Sämmtliche angefertigte Büchsen sind 8 zügig. Ingebrichtsen vermuthet daher, daß es eine amerikanische Büchse war, /aus/ welcher diese Kugel stammt; Sobald die Eisdecke [zu] sich zu lichten

184 Siehe auch die Übersicht über die 93 Ausreisen mit der *scrape* am Ende des Tagebuchs.

be ginnt, also etwa im Juni erscheint der [Fisch] Wal an den Küsten Spitzbergens und Novaja Semljas, er [g] schwimmt in Gesellschaft oft von ein paar Hundert Stück in alle Baien und Buchten hinein und [beginnt als dann] sucht besonders. die Fluß mündungen, sowie solche Küsten striche auf welche [weil bei] seichtenn [Boden] [L]lehmigen Boden besitzen; seine Nahrungs aufnahme in dieser Zeit ist nicht groß, er hegt [zu dieser Zeit] mehr zärtliche Gefühle, die sich in Kosen, Aneinanderreiben und Begatten äußern; nach Ingebrichtsen soll letztere in liegender Lage aus geführt werden, er hat dasselbe nur einmal in der Hinlopenstraite[185] beobachtet und ist nicht /ganz/ sicher, /ob es auch wirklich/ [Uebrigens] [s]Begattung war, jedenfalls lagen zwei Weißfische zusammen und äußerten lebhafte Bewegungen. Uebrigens ist eine Beobacht. in dieser Hinsicht schwer an zu stellen, da die Thiere sehr scheu sind u außerdem sofort gejagt werden. Hier an diesen Küstenplätzen wirft das Weibchen im Juni bis Mitte Juli sein Junges. Ingebrichtsen fand niemals 2 Junge in ein und demselben Thiere. Mitte August findet man bis 1/3 meter lange Embryonen, so daß also [die Begattu] die Weibchen, welche im Juni oder Juli geworfen haben unmöglich in dieser kurzen Zeit schon wieder so [lan] große Junge haben können. Es ist daher wohl anzunehmen, und in hohem Grade wahrscheinlich, daß der Wal [nur 2 M] nur alle 2 Jahre ein Junges hat und dieses vom Juli des einen Jahres bis zum Juni oder Juli des andern trägt, eine Auffassung die von den Weißfischfangern /auch/ getheilt wird. In dieser Zeit nun wo der [F]Wal sich theils begattet theils [d]wirft, nimmt er wenig Nahrung zu sich, denn erstens finden sich im Magen nur einzelne Krebse (Racken;) /und/ einige kleine Amphipoden marflue[186],.) nur wenn er den kleinen Fisch Ismard findet so [s]nim̄t[187] er viel davon zu sich; er verschmäht auch keines wegs Dorsch, braune,

[185] Siehe Fußnote 96.
[186] Norw. marflo: Flohkrebs.
[187] Verwendung eines alten Verdoppelungszeichens: nim̄t = nimmt.

und lange wie auf gefundene Reste bezeugen. Von Sepien war keine Spur zu entdecken trotzdem dieselben in Augenlinsen und Schnäbeln eine langdauernde Spur im Magen u im Darm hinterlassen. Daß er aber im Allgemeinen nicht [zum Fressen] nach Spitzbergen kommt um Nahrung zu suchen, erhellt daraus daß er im Laufe des Sommers stark abmagert, [während] er hat also diese[s] Küste nur zum Schauplatz seines ehelichen Lebens gewählt; daß der Wal sehr [f]klug ist, erhellt aus vielen Umständen. Erstens hört und sieht er aus gezeichnet, das merkt man beim Jagen des Fisches, einige Ruderschläge bewegen ihn zu eiliger Flucht; der vorher zerstreute und längs der Küste aus gedehnte Haufe sammelt sich schnell zu einem geschlossenen Trupp; er kann ziemlich lange unter Wasser gehen und versteht es ohne Geräusch auf zutauchen. Hat er bemerkt, daß Ruderschläge und Steinwürfe nicht schädlich sind, und sieht er keinen anderen Ausweg, z. B. wenn er im Netze ist, so geht er unter den Booten hindurch, trotz all des Lärms und Spectakels der darin gemacht wird. Sein Erinnerungs vermögen ist aus gezeichnet. Ein[e] Wal haufe der ein mal in oder vor dem Netze gewesen ist und [zufälliger weise] /wenn sich die Möglichkeit/ darbietet von Neuem in dasselbe gejagt werden stutzt lange bevor er das Netz in Sicht hat, indem, [er dies im] als er sich [noch] der Küste erinnert, kehrt um und ist meist für das Fangsvolk verloren. Das gilt besonders für die Gesellschaften alter Hagestolze, die [abgeschlossen] sich von Weibern und Kindern abschließen und allein für sich ihres Weges ziehen; kommt ein solcher [St]Haufe in das Netz eines Weißfischfangers so ist er recht zufrieden, denn das sind alles wohlgenährte fette Burschen von gegen 15 Fuß Länge. ⟦Er frißt auch Tang wie Ingebr. sagt, der Tang im Magen fand⟧. Feinde des Weißfisches sind Høkjaerring, der sich unbemerkt zu nahen versteht und ganze Stücke Speck ausreißt, und merkwürdiger weise Walroß, dasselbe soll Junge verzehren; wo Walroß in einer Bai ist kommt kein Weißfisch hinein. Er hört dasselbe auf weite Entfernung da das Walroß merk würdige Töne von sich giebt, die man meilenweit hören kann. Die im Sommer geworfenen Jungen sind 4 bis 5 Fuß lang, schwarz braun diese Farbe behält er bis zum 4 ten bis 5 ten Jahr, [wi] in dieser Zeit wird er beträchtlich heller, und wird er [noch] älter, weiß [und von] /mit/ etwas gelblicher /Nuance/ aber /mit/ reiner Farbe; daß die [Begattung] und Befruchtung sehr zeitig erfolgt [d]ersieht man daraus, daß sich [Thum] in noch dunkelen Fischen bereits Embryonen vorfinden. Mit dem Fang des Weißfisches unter Spitzbergen sieht es jetzt schlecht aus, es wird wohl nächstens der Fang vollständig geschlossen werden. In der Davis straite[188] soll dagegen der Fang ein ganz bedeutender sein. [A]In [dem] Novaja Semlia's Küsten ist der Fang ebenfalls ein sehr beschränkter, obwohl dasselbst Fisch vorhanden ist; obwohl Novaja Semlia viel südlicher liegt als Spitzbergen, das Nordcap v. Nov. S. auf gleicher Breite wie das Südcap[189] von Spitzbergen, so [ist] sind doch die Eisverhältnisse bedeutend ungünstiger wenigstens in Beziehung auf den Weißfisch fang. Im weißen Meere hat man auf hoher See, den Wal zu Tausenden angetroffen, er ist aber dasselbst nicht zu fangen, da es eine große Seltenheit ist, ihn durch eine Kugel tödten zu können und mit Netz ihm dasselbst nicht bei zu kommen ist. Der Fang des Fisches unter Spitzbergen ist vorher beschrieben. –

Sonnabend d. 21 August.

Den Tag über ununterbrochen gearbeitet. Sämmtliche Präparate erhielten neuen Spiritus, dann wurden Kassen[190] gelothet und alles in gute Ordnung gestellt. 7 Kassen sind nun vollständig fertig In einer weiteren großen Kasse liegen 250 wohl gefüllte Tuben, eine neunte Kasse enthält einzelne mit Präp. gefüllte Blechbüchsen;

---

[188] Dän. stræde: Straße im nautischen Sinn. Siehe Fußnote 169.
[189] Sørkapp.
[190] Siehe Fußnote 87.

außerdem ist noch ein großes in Chroms. Kali liegendes Belugagehirn vorhanden, dasselbe wird jedenfalls sehr gut werden, ich habe das größte Zutrauen dazu. Dieses wird eine[z] zehnte Kasse aus füllen. Alle den Spiritus nun, welchen ich nicht mehr brauche erhält Ingebrichtsen, er hat mir versprochen bei seinen Bekannten anzu fragen ob sie Robben und Walroß embryonen für mich sammeln wollen, er selbst wird /nach/ Hyperoodonembry. sehen, vielleicht bekomme ich Hvidfiskembr. falls er nächstes Jahr darin speculirt. Jedenfalls ist es die beste Kapitals anlage die ich machen kann. In der Nacht erschien ein Fisch vor dem Netze, er wurde hineingejagt, als auch schon 4 oder 5 andere [g] herankamen; das Netz wurde wieder geöffnet, doch die Wale sämmtlich große weiße männliche Thiere bekamen Witterung, machten Kehrt und verschwanden in der Tiefe der Bai; ein die Bai umruderndes Boot traf sie zwar an, konnte aber nicht verhindern daß sie ins Fjord hinaus schwammen; [so war] der einzige Gefangene war unterdessen auch entschlüpft und so waren wir frei. Gegen Morgen kam Nils mit 2 Mann vom Renthale zurück. Er war seit Freitag Mittag also circa 40 Stunden auf Jagd gewesen und hatte im Ganzen 11 Rene geschossen, welche sämmtlich der Mannschaft zufallen, ein Gratial für die harte Scrap arbeit, welche die Leute hatten; die drei Mann brachten 5 Thiere mit, 2 waren von ein paar andern Matrosen am vorhergehenden Tage herabgeschleppt worden, und die 4 Rene, welche noch auf der Mark liegen, werden heute

Sonntag

Abend von weiteren 4 Mann geholt. Es ist dies ein anstrengender 12 bis 15 stündiger Marsch, den die Leute zurückzulegen haben, dennoch sind sie fröhlich und gutes Muthes da die Beute ihnen gehört. – Heute am Sonntag war es ungewöhnlich langweilig; wir lagen bis 10 Uhr in den Kojen, da wir erst gegen Morgen von der Hvidfisk jagd zu Bett kamen, dann malte ich ein Wenig und studirte den ganzen Tag über Muskulatur des menschl. Körpers nach Gegenb.[191] Anatomie. Wir haben Nordwind bekommen, der empfindlich kalt ist. Die Klarheit der Luft ist jetzt außerordentlich; die nördlichen viele Meilen entfernt liegenden Gebirge, zeigen nicht nur Konturen sondern auch Farben Licht und Schatten so scharf, daß man ihnen ganz nahe zu sein glaubt. [I]Die Sonne steht [jetzt] den ganzen Tag über tief am Horizonte, wir haben indessen immer noch Mitternachtssonne, die Helligkeit nimmt von Tag zu Tag ab. Die Farben des Himmels sind jetzt sehr schön der [S]über dem Meere liegende, zu langen Streifen zusammengeballte Nebel ruft die wunderbarsten Farbenreflexe hervor. Es ist eigenthümlich daß sobald [N]nördliches Wetter eintritt, dieser tief gehende Nebel erscheint, der [ohne die Klarheit zu beeinträchtigen] nur einzelne Stücke der Landschaft verdeckt, ohne die Klarheit derselben zu beeinträchtigen. – Unsere Abreise wird wohl gegen Ende der Woche erfolgen; es ist in diesem Jahre nicht räthlich so lange [f]im Fjorde zu verweilen, theils der geringen Fangsaussichten, theils des Eises wegen, Vielleicht ist es von Interesse auf zu schreiben was wir jetzt zu essen haben. Von Fleisch haben wir nur gesalzenes Ren, sowie einige Stücke geräuchertes, (dasselbe wurde in eine Tonne über unsern Ofenschornstein gehängt.) [Auf] Da wir nun seit 2 Monaten nur von Renfleisch leben, hat dasselbe den Reiz für uns verloren; das geräucherte schmeckt aufgebraten ganz gut, da ein paar Finger breit Speck daran ist; das gesalzene, welches in Graupen gekocht [ist] /wird/, schmeckt geradezu schlecht, hat überdies einen schlechten Geruch; es hält sich sehr schwer; die Thiere fressen übrigens ein stramm[es][192][schme] Gras im Ueberfluß und das Fleisch hat davon einen Beigeschmack. Am besten schmeckt eine gebratene Keule, doch muß dieselbe ziemlich frisch sein; wir haben indessen

[191] Siehe Fußnote 6.
[192] Unterpunktet: es.

seit langer Zeit keine dyrspeise.[193] An anderen Speisen haben wir 2 tens Fisch, seitdem derselbe abgewaschen und an dem Strande zum Trocknen aufgehängt ist schmeckt der Fisch übel. Härring, den wir am Sonnabend speisten, hat sich nicht gehalten und ist verdorben; Kartoffeln haben wir schon seit Wochen nicht mehr, nur noch Graupen und Erbsen, welche am /letzten/ Freitag eine gute Suppe abgaben; Brot schmeckt [natürlich] gerade so gut wie beim Beginn unserer Reise. Butter ist natürlich gänzlich verdorben wird aber dennoch massen weise von mir vertilgt; Ingebrichtsen kann sie nicht mehr zu sich nehmen /seitdem/ [vomit regelma] er nach ihrem Genuß einen regelmäßigen vomitus bekam. Von Getränk haben wir nur schwarzen Kaffee zu nennen; derselbe ist im Ueberflusse vorhanden und wird in [gre] unglaublichen Quantitäten vertilgt, so schädlich sein Genuß auch ist. Thee hatten wir nur ein paar Wochen, da die vom Kaufmann gelieferte Waare ganz gemeine Blätter waren, die nach Gras Gerbsäure etc schmeckten; Um die Wirkung des Kaffees etwas abzuschwächen trinken wir ein paar Mal in der Woche Cacao, in den wir Eier einrühren; das ist eine große Delicatesse. Die Eier [d]waren übrigens von größtem Werthe für uns, sie hielten sich bis jetzt, und nachdem man den ersten strengen Geschmack vergessen hat, schmecken sie ganz aus gezeichnet. Wir haben nur noch wenig davon; dieselben sind aus schließlich zu Aeggedosis[194] bestimmt; ein paar Eier werden im Glase mit Zucker zusammen gerührt, und eine Portion warmer Spiritus darauf gegossen. Das ist unser Feiertagsabendtrunk. Wir benützen jetzt außerdem Spiritus im Kaffee, um so [d]ein Gegengift zu bilden. Natürlich sind wir vorsichtig damit und nehmen kleine Dosen. Wir bewahren [natürlich] dieses Geheimniß streng, denn käme die Mannschaft dahinter, daß Spiritus gut schmeckt, so söffen die Kerls schnell mein Faß leer,

---

[193] Norw. dyr: Ren, und zwar in der Waidmannssprache. Es mangelt demnach an frischem Renfleisch.

[194] Siehe Fußnote 134.

deß bin ich sicher. An sonstigen Delicatessen sind meine Grünsachen zu nennen, die wir mit großer Schonung behandelt haben, ich besitze jetzt noch einige Büchsen davon; es ist nur schade daß sie so klein sind, oder viel mehr daß wir drei Kerls einen so fürchterlichen Appetit haben, daß einer bequem den Inhalt von ein paar Büchsen auf speist. Wenn wir frisches Fleisch haben, so essen wir die Keule eines Ochsen so ziemlich auf einmal auf, der Rest wird zum Frühstück genommen; es sind das sicher 10-12 Pfund Fleisch. Ueberhaupt wird alles massen weise vertilgt; von den mit ausnahme des Freitags regelmäßig erscheinenden Graupen verzehre ich zum Schluß stets zwei tiefe Suppenteller voll, das nennen wir sjale dronningen;[195] (auf dem Grunde des Tellers ist nämlich ein prächtiges Bild der Königin Victoria von England gemalt.) Ein leidenschaftli[s]cher Tabaksraucher, der ich zuletzt war, kam es mir hart an mich so schnell davon zu entwöhnen, als gegen Ende Juli mein Vorrath zu Ende war. Ich habe etwas gekaut; doch auch diese Quelle ist nun versiegt; kein einziger der gesammten Mannschaft besitzt ein Endchen Tabak mehr, und mein [Joh] Freund Johan, [d]ein starker Kauer; ist jetzt scharf hinter alten getheerten Tauenden her, die er gründlich bearbeitet. Ein paar Mal erhielten die Leute wenige Pfefferkörner vom Skipper, da hier unser Vorrath davon ein sehr geringer. Ingebrichtsen selbst, der weder kaut noch raucht (letzteres that er bis vor ein paar Jahren mit größter Leidenschaft) hat Ingwerstücke beständig im Munde, seit einiger Zeit aber zerbeißt er Pfefferkörner. So leben wir hier im Polarlande herrlich und in Frieden. Charact. der Kameraden. Der Skipper selbst ist ein liebenswerther, tüchtiger Mensch durch und durch. Ein lauteres Wesen, größte Wahrhaftigkeit, fröhlicher Laune den ganzen Tag über, machen ihn zu einem prächtigen Reisekameraden. Nur am Sonntag verändert er sich; er ist wie alle Nordländer in einem geradezu finsteren Christenglauben befangen; Man weiß nicht, wo Aberglauben anfängt

[195] Norw. dronningen: die Königin.

und endigt. Er thut am Sonntag absolut nichts, schläft lange, legt sich am Nachmittag wieder ein paar Stunden; ließt Predigten mit lauter salbungs voller Stimme und singt zwischen durch Choräle. Die Predigten habe ich zum Theil gelesen, sie sind so à la Pastor Müher. Ich bin nun vollständig überzeugt daß es meinem guten Ingebr. vollständig Ernst mit seiner Religion ist, wie er aber einen so aufgeweckten Verstand, einen solchen ungewöhnlichen Scharfsinn, den er besitzt, mit dem allerstarrsten Bibel glauben vereinen kann, verstehe ich nicht; er ist ein Mann mit 2 Gewissen, die er [s]gegen einander zu sondern versteht. Wenn er mich zum Beispiel frägt, ob die Wissenschaft nicht die unterirdischen Wesen ergründen könne, welche ja existiren müssen, denn es steht in der Bibel: „Alles was auf und unter der Erde existirt," so ist das um aus der Haut zu fahren; geschweige der [Fragen] Ansicht, daß die Erde 6000 Jahre alt ist; trotzdem ich ihm Versteinerungen hoch aus den Bergen zeigte, die deutlich in hartem versteinerten Mudderboden lagen, und jedenfalls /in/ vielen Millionen von Jahren [t]aufwärts gehoben wurden. Wenn ich ihn auf die Fluth terrassen auf merksam mache, welche Kunde geben daß einst das Meer diese Felsen umbrandet hat. – Doch nun genug; ich [nehm] ziehe meinen Wochentags schiffer dem Sonntags heiligen vor, und kann sagen; daß es mich freut einen solchen wahrhaft edlen, kernigen Character angetroffen zu haben; er hat vieles mit Rasmussen gemeinsam; das sind die wahrhaft kräftigen Norweger, von denen man so viel schreibt und redet; ob sie aber häufig sind, daß ist eine andere Frage; ich glaube für mein Theil nicht. Der norwegische Character hat das Prahlen mit Tugenden an sich, ebenso wie der schweizer. Beide sind grenzenlos Egoisten, die ihren Egoismus unter der Maske der Biederkeit verstecken. Mit dem Gesetze kommen sie möglichst wenig in Berührung deshalb kein Diebstahl in Norwegen, es ist dies aber nicht aus moralischen Gründen, nur aus rein egoistischen, der Fremde welcher nach Norwegen kommt, ist entzückt von dem lauteren [Sinnen] biederen Sinn, /der/ Ehrlichkeit etc. und schreibt sein Tagebuch voll [d] davon, wer in Norge[196] zu thun gehabt hat, wer /mit den Einwohnern/ in engere Berührung gekommen ist, wird etwas anders sein Urtheil fällen, und vor All[em] das Fundament sehr wacklig finden auf dem alle diese [E]erhabenen Tugenden auf gebaut sind. – Deshalb also Achtung vor unserm wackeren Ingebrichtsen; er ist mir mehr werth, als [die gesammte] /z. B. die meisten/ [medizinische Fakultät von Jena] /gelehrten Männer, welche ich auf meinem Lebenswege/ kennen gelehrt habe. Nils unser Harpunir, ist ein Lappe, das sagt genug. Seine Mongolen natur tritt deutlich zu Tage. Grenzenlose Habsucht, die ihn ev. zu Verbrechen t[h]reiben würde; rohe, thierische Natur, alles übertüncht von der bekannten norwegischen Bieder[keits] /manns/ maske. Peder Pettersen. Gewaltikger Trunken bold, so bald er nach Hause kommt, kriegt an Bord des Schiffes nur Kaffee u Wasser zu trinken, erholt sich deshalb sichtlich und erweist sich als ein verhältnißmäßig wohlerzogener Mann, der viel in der Welt gesehen u erlebt hat und gut erzählen kann. Das Zusammenleben mit andern Eishafsfahrern[197] hat seinen [Chr] ursprünglich ehrlich angelegten Character etwas verdorben. er ist nicht mehr offen. Anton. Trinkt in Friedenszeiten gleich falls, soll sich aber seit Verheirathung gebessert haben. Liebt Weib und Kinder 6 kleine Wesen, so leidenschaftlich wie nur ein kalter Norweger zu lieben vermag; das hat mich für den Mann, den sein finsterer Aberglauben dazu trieb, im Beginn unserer Reise, gegen mich zu agitiren, sehr eingenommen. Er ist sonst von ruhigem, stillem Wesen. Peder Dalberg. Ein aufgeweckter, munterer, lustiger Bursch, in stärkster Arbeit guter Laune, von allen wohlgelitten. Eduard Nhite, dumm, faul, gefräßig ungebildet; beißt etwas Gentleman heraus. Gustav Arvig ein Finne, hat mir viel geholfen, ein gutmüthiger, fetter schwerfälliger Bursch, will in der Welt vorwärts kommen u. arbeitet deshalb auf Erspar-

---

[196] Norw. Norge: Norwegen.
[197] Siehe Fußnote 99.

niß, theilt seiner alten Mutter einen Theil seiner Einnahmen, die c. 400 Kronen im Jahre /betragen/ wirt. Hat es fertig gebracht im Monat mit 10 Kr. zu leben, indem er sich Mehl kaufte [alles] und Fisch selbst fing; eine ganz andere Natur als die Norweger an Bord, offen und ehrlich bis zum Grund seiner Seele. Dasselbe ist mit seinem ein paar Jahre älterem Bruder Johan der Fall, der selbe ist lustig u munter, ebenfalls mit gutem Herzen begabt, und, wenn seine Gesichts züge etwas mehr Geist hätten, wäre er bild schön zu nennen Olaf; Ein ganz Junger Bursch, ehrgeizig auf geld aus, stolz, aber gute Natur; leider zu schwach zum Harpunir. Kok.[198] ein Schweinigel, aber eine gute Seele. ein Bergenser.

Montag 23 August.

Sturm aus Nord, schwere Wolkenmassen werden herangepeitscht, jagen dicht über der [Meer] empörten Meeres oberfläche dahin, eisige Kälte, sodaß der Aufenthalt auf Deck unbehaglich ist, wir sitzen deshalb in /[d]/ der warm geheizten Kajüte, ich beschäftige mich mit anatom. Studien, etwas Malen; am Abend theilt mir Ingebr. eine Erfahrung mit, daß entgegen der allgemeinen Ansicht Thran zerstöre Segeltuch und Tauwerk, derselbe conservirend wirke; wir stellen den ganzen Abend über Versuche an mit Thran, Theer und Picrinsäure, welche ich in alkoh. Lösung hineinbringe. Wir müssen notwendigerweise eine Farbe dazu haben, da die Theerfarbe für Segel gar zu abscheulich aussieht. Ich habe die größte Hoffnung, daß es gelingt. – Wir haben [darauf] /auch/ starke Debatte, ob wir reisen sollen oder nicht, ich komme zum Schluß, daß er nach Verabredung mit Aagaard,[199] Aussichten in Spe etc. etc. gezwungen ist die Sachen bis zum Schlusse aus zu halten. Dagegen spricht nun erstens die nicht ganz geringe Gefahr

[198] Norw. kok: Koch.
[199] Siehe Fußnote 10.

von [E] neuen Eis massen vom offenen Meere abgeschlossen zu werden und überwintern zu müssen, was bei unser Proviantirung u Aus rüstung jedenfalls kläglich enden würde; der herrschende Nordsturm treibt sicher auch das nördliche Polareis herab, während er andererseits, wenn er etwas abflaut, der beste Wind ist, den wir auf der Rückreise haben können. Wir werden nun wohl bis zu Ende der Woche aus halten und dann unter Segel gehen, die verschneiten Berge sind erste Mahner dazu. – Eine andere Entdeckung Ingebr. ist die, daß man Holz borke rauchen kann; die Mannschaft ist entzückt, und wird wohl den gesammten Holzvorrath auf rauchen, ich versuchte, es schmeckt nicht übel, hat jedoch keinerlei anregende Wirkung wie Tabak, deshalb will ich es nicht fortsetzen. Notiz über Beluga. die Abnahme des Fisches unter Spitzbergen rührt davon her, daß er auf gefischt wird. Es sind höchstwahrscheinlich im großen u ganzen dieselben Fische welche alljahrlich im Sommer nach Spitzbergen kömmen, bei ihrer langsamen Vermehrung, ist es kein Wunder wenn er so schnell abnimmt 50 Fische hatten 6 Embryonen, die ein Jahr lang getragen werden, so daß also im nächsten Jahre 56 Fische erscheinen würden.

Dienstag 24.

Wir haben jetzt Wacht auf dem lang in der Bai liegenden Odden, dieselbe besteht aus 2 Mann, die unter. Segel liegen u alle 24 Stunden abgelöst werden, ich reiste mit der ablösung trotz hohen Seegangs, ließ mich da ich nur Schuhe hatte an Land tragen und schoß zunächst 2 junge Stormoven[200] von denen mich hunderte kreischend umflogen, dieselben sind eigenthümlich grau braun befiedert, während die erwachsene Möve fast weiß ist und nur auf der Rücken fläche ein leichtes Grau zeigt, dann spazierte

[200] Siehe Fußnote 153.

ich den Strand entlang die letzten Pflänzchen abbotanisirend; die Walleichname welche hoch auf den Strand herabgetzogen waren, sahen wie verschneit aus, beim Näher kommen erwiesen sich diese Schneeflocken als dichte Schwärme von Möven die sich, auf gejagt in die Lüfte erhoben. Unterdessen [hatte] /war/ Ingebr. mit 2 Mann ebenfalls gelandet um das auf dem Strande liegende getrocknete orkastnot an Bord zu holen, sie hatten eine Schaar grauer Gänse entdeckt und jagten dieselben bergauf, um eine zu erhaschen, was ihnen auch glückte. Das junge Thier wurde an Bord gebracht und befindet sich jetzt ganz wohl, frißt und ist bereits ziemlich zahm.

Am Mittwoch den 25t.

scrapte ich zum letzten Male unter Spitzbergen. Ich reiste mit Johan ins Fjord hinaus, zum Absturz der Grundbank. Wir unternahmen 4 Scrapen von denen 2 ein außergewöhnlich reiches Material herauf brachten dann [fuhren] reisten wir z[d]urück, wobei wir nicht vergaßen für Ingebr. Fleischvorrath, den er nach Tromsö bringen will, Eis von einem großen gestrandeten Eisberg abzuhauen; Auf dem Rückweg hatten wir Unglück, daß der Stopfen welcher sich am Boden /Kiel/ des Bootes /befindet/ heraus sprang und nicht auf zufinden war während das spring brunnenartig hinein strömende Wasser [uns] in kürzester [d]Zeit das Boot füllte. Johan [hatt] /verstopfe/ als letztes Rettungsmittel [seinen Finger] die Oeffnung mit der Hand, während ich aus Leibeskräften an Land ruderte dies gelang und der Schade [b]war bald ausgebessert. Kurz darauf, – ich war noch mit Conservirung beschäftigt – ließ der Kapit. das Netz einholen, und gegen 1/2 1 Uhr am Donnerstag Morgen verließen wir die Adventbai um mit allen Segeln /aus/ dem Fjorde zu kommen; ich legte mich zeitig tilkois [währ] die andern dagegen mußten die Nacht hindurch wachen.

[Donn]erstag d. 26 t.

Als ich früh am Morgen auf Deck kam trieben wir mit vollen Segeln am Rande vorbei ins Fjord hinaus, günstiges klares Wetter, ein passende Nordostbrise, alles dies war geeignet uns fröhlich zu stimmen. Wir waren um so mehr niedergeschlagen als der Skipper von der Tonne wo [d]er die ganze Zeit über Aus guck gehalten hatte, herab stieg und uns verkündete daß [wir von Eis massen im Fjo] u. draußen vor der Fjordmündung dichte Eismassen lägen, und daß keine Hoffnung sei, sie zu durch brechen, da es nicht einzelne schwimmende Treibeisstücken sondern dicht zusammengepackte Eis felder seien, welche [um so breit] wie meilenbreit [daß Meer] die Küste umgürtet hielten. Daß war nun außer dem Spaße! Weder Ingebr. noch einer [anderer] der Matrosen konnte sich erinnern gehört zu haben, daß das Frühjahrseis noch Ende August vor der Westküste liege, und nun gar so dicht. Wir [fuhren] segelten nun zunächst an Land, an die südliche Ecke des Fjords die Russekjeile;[201] und warfen dicht vor dem Eise Anker. Das große Netzboot wurde an den Strand geschafft und [so] mit vereinten Kräften auf denselben hoch heraufgezogen, u umgekehrt und auf große Steine gelegt; dasselbe geschah mit der Jolle. Ich benützte die Gelegenheit um aus dem vom Netze herrührenden Schlamm und Tang Hundertweise Thiere vor allem Polynoiden herauszu lesen. Dann spazierte ich mit Ingebrichtsen auf eine Anhöhe, wo wir noch die Pfosten eines vor langen Zeiten von den Russen erbauten Hauses antrafen, der Boden war bestreut mit Holzwerk, Mauersteinen, Koften,[202] dazwischen lagen menschliche Gebeine, unter einigen aufgehäuften Steinen entdeckten w einige Menschenschädel, außerdem fanden wir einen leider zerstörten Bärenschädel sowie Theile eines Walroßbeckens. – Die braune Farbe der kahlen Felsenriffe und Klippen, das tiefe

---

[201] Russekeila, s. www.placenames.npolar.no.
[202] Norw. kofte: Strickjacke.

Blau des [Luft] /Wassers, die Klarheit der Luft/ erinnerten mich an süditalienische Landschaftsbilder, die [Täusche] Aehnlichkeit wäre noch vollkommener gewesen, wenn nicht die lange zackige weiße /Eis/ breie[203] den Horizont begrenzt hätte. Der scharfe, kalte Nordost[luft] /wind/, war auch nicht mit den weichen italienischen Lüften zu vergleichen. Nun ruderten wir zum Schiffe zurück, und segelten langsam an der Eis kante entlang in nördlicher Richtung, um eine [Oe] etwaige Oeffnung zu erspähen. Doch vergebens! Es war sehr stille an Bord. Im Hintergrunde stand, ein drohendes Gespenst, die Gefahr des Ueberwinterns, ein Beginnen, welches bei dem Mangel an jeglicher Ausrüstung wohl kläglich geendet hätte; in günstigerem Falle mußten wir /event./ wochenlang [liegen] vor dem Eise liegen um eine [Oe etwaige] Oeffnung auf zu finden. Der Skipper war halb und halb entschlossen, [wie] zurück zur Russe Kjeile zu segeln und dort zu warten, wollte aber dennoch einen versuch wagen durch die schwimmenden Eisfelder hindurch bis zum dichten Eise vorzudringen. Wir segelten deshalb mit 6 Meilen Fahrt und dem wind in das Eis hinein; dies ging die ersten paar Stunden ganz gut, wohl waren einzelne heftige Zusammenstöße nicht zu vermeiden und [von] unsere Schanzverkleidung ließ im Kielwasser deutliche Spuren zurück; wir kamen aber dennoch schnell vorwärts; der Skipper saß die ganze Zeit unverwandt in der Tonne, das Fernrohr vor dem Auge, udem Mann am Ruder kurze Kommandos „taps lidt, full up, pent so[204] etc. zurufend. Endlich waren wir [vor dem] /in/ so dichtem Eise angelangt daß wir Segel einziehen mußten, um nicht ein Loch ins Schiff zu stoßen; wir glaubten [daß] jeden Augenblick das Kommando „Klar zum Wenden zu hören, statt dessen gingen wir aber in die dichten Eismassen hinein. Bald saßen wir fest eingezwängt, nun begannen wir mit Rudern u Harpunstangen eine

203 Norw. isbree: Gletscher.
204 Norw. taps- als Bestandteil eines Kompositums: Verlust; lidt: s. Fußnote 102; full: voll; opp: auf, herauf; pent så: s. Fußnote 104.

Oeffnung zu bahnen, die Segel drückten vorwärts und so schoben wir uns Schritt für Schritt in das Eis hinein; die Mannschaft sprang nun vom Bord herab auf die Eisfelder, und schob, theils an den Ketten des Bugspriets, theils an den Ankern sich festhaltend, das Eis aus einander, oder vielmehr die einzelnen Stücke begannen sich zu drehen und das Schiff zwängte sich in die entstandene Oeffnung hinein. Das Holz der Schanzverkleidung splitterte ab, ein starker Stoß und [wir] dicht über dem Wasserspiegel waren ein paar Planken eingedrückt; sie hielten aber glücklicherweise /noch/ dicht, so wurde nicht weiter darauf geachtet, sondern /das Schiff/ weiter vorwärts geschoben, [wie] mit passender Segelstellung die drückende Kraft bald vermehrt oder vermindert. Wir wußten noch immer nicht, was das werden sollte, denn an ein Durchbrechen des Eises, auf dem man nun spazieren konnte, war nicht zu denken; dagegen war unser Schiff verloren wenn sich starker Wind mit Seegang erheben sollte, da wir zermalmt worden wären. Da entdeckten wir weit draußen am Horizont eine glänzende Stelle, kein Zweifel, wir hatten [M offen] sonnenbeschienenes Meer vor uns; nun ging es mit vereinten Kräften an die Arbeit. Oft saß das Schiff so fest daß alle Arbeit vergeblich war, dann schoben wir es zurück und versuchten an einer andern Stelle das Eis aus einander zu pressen. So kamen wir langsam der Oeffnung näher; und endlich hatten wir nach harter Arbeit etwas freieres Fahrwasser; noch war die Gefahr aber nicht vorbei, an der hohen Dünung merkten wir zwar, daß wir nicht weit mehr vo[m]n [of] der hohen See entfernt waren, der Wind flaute aber ab, und wir trieben nun langsam in der schmalen [W] kaum 4 Kilometer breiten Wasserstraße, welche von beiden Seiten von dichtem Eise meilen weit begrenzt war. Flaut[e] der [Wind gän] östliche Wind gänzlich ab, so treibt die starke Südströmung in kürzester Zeit die beiden /Eis/ Ufer aneinander und wir sind wie in einer großen Falle gefangen; das war die große Frage! Wir hatten jedoch Glück und schlüpften aus dem Eise für dies mal mit ziemlich heiler Haut heraus; der Wind frischte bald an und wir hielten nun gegen Abend unseren Cours mehr südlich. Wir waren hoch nördlich hinauf gekommen ein paar Meilen von Prinz Charles Foreland[205] entfernt. Die rothe /Abend/ Sonne welche um 8,45 den Horizont berührte u 9,15 versank, /nach unserer Uhr in Wirklichkeit an 1½ Stunden vorher/ bestrahlte die Eisefelder und spitzen Felszacken mit warmer Gluth. Der Seegang wurde stärker und stärker; ein kalter Wind kam vom Eise her, und wir suchten unser Lager auf.

Freitag d. 27. Aug.

Gegen [Nach] Mittag standen wir auf und krabbelten, es war starker Wind und hoher Seegang, auf Deck, wir waren zwischen Bel-[206] und Hornsund angelangt und hatten [schw] trotz starken südöstlichen Windes stark mit dem hohen Seegang zu kämpfen, legten deshalb nur 4 bis 5 Meilen zurück. Gegen Abend nimmt die Windstärke zu; wir haben Südroys breite[207]; am Horizonte erscheint ein Schooner, wahrscheinl. Russe, der auf Hakjaerrings bank liegt. Wir können nicht mehr mit vollen Segeln [vorwärts] [k]weitersegeln; müssen Jager und Quersejl[208] einziehen. Bald haben wir starke [Sturm] Kuling aus Ost mit schwerem Seegang; wir legen doppeltes Reff am Storsejl. Johann und Eduard, welche draußen am Bugspriet Segel einziehen, werden von den Wassermassen erfasst, vermögen sich aber anzu klammern und zu halten. Sehr wenig Fahrt, nur Auf und Niederschleudern. Der Skipper läßt Jager aufsetzen, eine riesige Welle [ja] stürzt über das Schiff, wir klammern uns fest, ich sehe noch jetzt Wassermassen, Segel Holzwerk, Taue in der Luft herum wirbeln, der Bugspriet mit

[205] Siehe Fußnote 170.
[206] Siehe Fußnote 128.
[207] Siehe Fußnote 60.
[208] Siehe Fußnote 12.

[Segel] wie Vorsegeln ist [-unl.- zerschl] abgeschlagen und wirbelt nun [mit] in der Luft herum. Wir springen so schnell es geht, zu, drei Mann klettern am abgebrochenen Stumpf heraus, erfassen die herumschlagenden Segel, wir ziehen hinein dann holen wir den Jagerbummen[209] ein der am Schafte abgebrochen ist, schneiden Tauwerk etc. ab, und bergen so ziemlich die ganze Geschichte. Nun sehen wir das Unheil näher. Der Jagerbummen ist gänzlich abgebrochen; glücklicher weise steht der darunter liegende /den/ Klüver tragende Stumpf; so daß wir dieses wichtige Vorsegel brauchen können. Alles andere wird auf [Lan]deck gebracht und fest gebunden. In der Nacht wird der Wind stärker, das Deck steht unter Wasser, alles bewegliche auf Deck wird zerschlagen und über Bord gespült. Wir legen ein drittes Reeff am Storsejl und halbieren den Jager. Mit diesen paar Lappen gehen wir gegen den Wind, bald wird derselbe mehr östlich, in Folge dessen bis 7 Meilen Fahrt. In der Nacht an Schlaf nicht zu denken; wir lagen nur in den Kojen und wachen, um auf Deck zu springen, wenn es ärger werden sollte. Gegen Morgen läßt der Wind etwas nach, und nun kann man schlafen. Am Abend ist es möglich ein paar Stunden auf Deck zu verweilen. Die Luft ist in diesen Breiten beträchtlich waermer, wir sind das nicht gewöhnt, +5 Grad zu haben. Die Wassertemperatur nimmt beträchtlich zu.

Sonntag d. 29 August.

Der Wind flaut gegen Mittag ab, wir spazieren auf Deck; Alle unsere Gedanken bewegen sich um die Heimath wie es dort aus sieht; dann um die Civilisation in welche wir zurück kehren. Wir freuen uns auf ein Bad, auf Haareschneiden, Bart abscheren, auf eine Mahlzeit mit frischem Brot, frischer Butter und anderen kostbaren Sachen wie Kinder, und werden nicht fertig uns alle

[209] Norw. bom: Balken.

diese Herrlichkeiten, welche uns erwarten aus zu malen. Dazwischen reisten Gedanken ob wir nicht einen unserer Lieben vermissen werden, ob alle wohl und munter sind. Dann wie sieht es in der Wissenschaft aus. Das geht unaufhörlich im Kopfe herum, Zeit zum Speculiren hat man in der Koje. Jetzt wo ich schreibe ist seit Donnerstag die erste Stunde, /in/ welcher es möglich /ist/ in der Kajüte zu sitzen, man /hatte/ [konnte] /die übrige Zeit/ nur auf /Wacht/ Deck im Wasser und Sturm stehen, oder in die Kajüte /zu/ kriechen.

Montag 30 August.

Der Wind flaut mehr und mehr ab, ruhiges Meer, heiterer Himmel. Wir haben nur wenig Fahrt. Am Vormittag wird der[s] Bugspriet wieder zusammen gefügt, der Jagerbummen[210] mit Tauen an dem Klüverbummen festgebunden Nach wenigen Stunden angestrengter Arbeit konnten wir unsern Jager wieder aufheißen und so unsere Fahrt geschwindigkeit um 1 Meile vermehren Nordenskiold. Sven Boen 1837 zuerst Spitzbergen besucht mit einem Walroßfänger. Otto Torell rüstete auf eigene Kosten Schiff aus 1858 – 2½ Monate Reise. Nordensk. folgte mit 1861 große Expedition der schwed. Reg. Torell Leiter Nordenskiold FA Smitt AJ Malmgren A. v. Gres G v. Ihlen C W Blomstrand N Dunér K. Mydenius. Fahrzeuge wurden in Treurenbay[211] von Eis eingeschlossen (Absichtl. von Nordenski.) 1864 Nordensk. Dunér Malmgren Diese dritte Exp. hatte Zweck, zu erforschen ob Gradmessung auf Spitzb. möglich(ge) 1886 Postdampfer „Sofia“ Kommander: Kaptein[212] F. W. v. Otter Lieut. L. Palander

[210] Siehe Fußnote 209.
[211] Treurenbai.
[212] Norw. kaptein: Kapitän.

F. A. Smitt } Zool.
A. I Malmgren }
A. E. Holmgren
Th. U Fries } Bot.
S. v. Berggren }
S. Lemström – Physik.

G. Nanckhoff – Geolog og Mineral.[213] untersuchten Bjørn Ø.[214] darauf Tief leth.[215] zwischen Spitzb. u. Grønland erreichten 81° 42′ n. Br. höchsten Punkt bis dahin. 1872. Postdampfer „Polhem"[216] Orlogsbrigg[217] „Gluden"[218]

Lustdampf. „Onkel Adam" sollte Haus auf 7 Oernen[219] gebaut werden frieren aber in der Moselbai[220] ein kehrten zurück [4]73. Sämmtliche Notizen entnehme ich aus der Ny Illustreret Tidende 1874[221] in welcher sich (Nr. 7) eine Biographie Nordenskiolds befindet. Was ich aus diesen Daten vorläufig ersehe, ist, daß keine Exped. besonders glücklich war; mit einem Walroßfänger z. B Nils Johnson[222] wäre es entschieden [nicht] so übel, [f] einmal nach Norden vorzudringen, die 7 Inseln[223] zu erreichen ist ja [meistens] keine große Kunst unter gewöhnlichen Eis verhältnissen. Von diesen aus, (das war auch Nordensk. Absicht, kann man schon besser die Gelegenheit wahrnehmen einen Vorstoß nach

[213] Norw. geolog og mineralog: Geologe und Mineraloge.
[214] Bjørnøya.
[215] Siehe Fußnote 109.
[216] Christopher Polhem: schwedischer Erfinder des 18. Jahrhunderts.
[217] Norw. orlogsbrigg: Kriegsschiff.
[218] Norw. kloden: die Erdkugel.
[219] Sjuøyane.
[220] Siehe Fußnote 179.
[221] Norwegisches Wochenblatt, das von 1874-1890 erscheint, hg. von Kristian Anastasius Winterhjelm. Siehe http://snl.no.
[222] Kapitän des Schiffes, mit dem Kükenthal 1889 in Ostspitzbergen auf Expedition geht, s. Kükenthal, 1892, S. 3.
[223] Siehe Fußnote 219.

Norden zu unternehmen Jedenfalls sind die Tyv Oerne[224] auch wissenschaftlich interessant. Nach Bithungen erstreckt sich nordwärts eine große Grundbank. Hier wird ein großer Reichthum von polarer Seethiere herrschen.

Dienstag d. 31 August.

Der Wind wird stärker und springt schnell nach Süd um. Gegen [Nachn] Mittag müssen wir ein doppeltes Reff legen, Jager und Querseil[225] sind bereits eingezogen. Gegen 3 Uhr Sturm mit Regen, wir legen ein drittes Reff; Es ist unangenehm 15 Meilen vom Lande in diesem Unwetter herumkreuzen zu müssen; der Wind ist pent imod.[226] Sobald ich nach Tromsö komme, werde ich meine Sachen einpacken und mit Boot und Mann zum Scrapen in den Rysund hinaus fahren, derselbe erscheint mir nach Erkundigungen hier an Bord, volle Garantie für ein reiches Thierleben zu bieten. Dort werde ich ein paar Tage arbeiten den Sonntag in Tromsö verbringen u am Montag reisen.

[d] Mittwoch 1 Sept.

Die mit schweren Regen boen aus Süd kommende [S]starke Kuling flaut um Mitternacht ab[f], um gegen Morgen wieder anzufrischen; [und] Bald springt der Wind mehr nach Südwesten um, wir vermögen mit vollen Segeln Südost zu steuern. Wir wissen nicht dass mindeste wie lange /weit/ wir vom Lande stehen, die starken hinein gepeitschten Regenboen lassen auf wenige Faden nichts mehr erkennen, und so ist unsere Stimmung keine

---

[224] Siehe Fußnote 219.
[225] Siehe Fußnote 12.
[226] Norw. pent imot: genau dagegen.

besonders fröhliche. Wir stehen in Gefahr auf [d] einer der vielen Untiefen zu scheitern, welche sich meilen weit vom Festlande in das Meer hinaus erstrecken. Bei dem herrschenden Seegange würde das Fahrzeug bald zerschellt sein. Wir stehen alle auf Deck und spähen nach allen Richtungen; Gegen Mittag nimmt die Kuling zu, wir stehen meist unter Wasser, [die wir mit vollen Segeln]. Um 3 Uhr essen wir einen Häring und eine Büchse Brechbohnen; die letzte, Jetzt beginnt es lichter zu werden; vielleicht sehen wir heute noch das alte Europa, wir [gehen] /eilen/ mit vollen Segeln 5 Meilen Fahrt.

Donnerstag.

Es kam gestern Abend kein Land [zu] in Sicht, wir mußten vorlaufe zurück, da es anfing dunkel zu werden; erst von Morgen 2 Uhr an beginnen wir mit starker Südwestbrise nach Südost zu segeln; wir machen 6-7 Meilen Fahrtg. um 8 Uhr morgens taucht im Nebel eine schwarze zackige Wand auf. Um 9 Uhr [se] haben wir die Küste Finmarkens vor uns, neste[227] ist das Vorgebirge Senjen.[228] Nordöstlich davon öffnet sich der größte u. beste Einlauf nach Tromso der Malangen fjord. Am /Leuchtthurm/ [Vorgebirge] Heckengen vor bei steuern wir zwischen den Klippen hindurch und treiben nun 10 Meilen von Tromsö entfernt unter Regenboen in das Fjord hinein. Gegen Nacht hoffen wir die Stadt zu erreichen, und damit unsere Polarfahrt mit ihren Freuden u Leiden abzuschließen. Der Wind frischt an wir treiben trotz starker Gegenströmung durch den Rysund und langen um 9 Uhr abends in Tromsö an. Sofort ließen wir uns an Land setzen, ich begebe mich zum Hôtel garni um ein Zimmer zu bekommen, während Ingebr. nach Hause will. Dort werde ich in Folge mei-

[227] Norw. neste: nächste.
[228] Insel Senja.

nes zerlumpten Aussehens von 2 Damen hinaus komplimentirt und versuche mein Glück im Grand Hotel, [eine] wo ich von der Dunkelheit begünstigt hinein komme und ein Zimmer bekomme. Bald kam mein Anzug an und ich machte mich menschlich. Dann genoß ich zum ersten Mal seit langer Zeit die Vorzüge der Civilisation, besonders Bier. Marius Aagaard besuchte mich am Abend und wir unterhielten uns lange Zeit.

Freitag 3 t.

Der Friseur Tromsoes bringt meine Haare in Ordnung, schneidet den Bart ab, Ingebrichtsen [besucht] kommt auch, lädt mich auf den andern Tag zu Mittag ein, für diesen Tag gehe ich mit Marius Aagaard auf dessen Landgut, ein reizend im grünen gelegenes Haus, wo wir vorzüglich speisen, am Abend habe ich ihn zu Gast. Junge Damen Tromsoes fragen telephonisch bei Aaagaard an, wer ich sei. [Unter] Am Vormittag lernte ich den einen Conservator kennen, einen recht netten Mann.

Meteorologische Beobachtungen ausgeführt an Bord des „Hvidfisken". vom 29 April – 30 Juni 1886

Erklärung der Zahlen u Buchstaben

I Datum
II Stundenzahl
III Breite
IV Länge v Greenwich.
V Barometer. Aneroid.

VI Lufttemperatur nach R.
VII Wassertemperatur nach R.
VIII Windrichtung und Kompaß.
IX Windstärke
X Bewölkung
XI Niederschlag
XII Seegang.

Bemerkungen

IX Windstärke nach Beauforts Scala.
0 = Still.
1 = Lau.
2 = Frische Brise
3 = Frische Kuling
4 = Stark.
5. = Sturm
6 = Orkan.

X Bewölkung

von 1-10. Es werden soviel Zehntel des Himmels von Wolken bedeckt.

XI Niederschlag.
R = Regen
Rb. = Regenböen.
S = Schnee
Sb = Schneeböen
H = Hagel.
N = Nebel

XII Seegang
0 = Havblik.[229]
1 = Meget smult.[230]
2 = Smult.

[229] Siehe Fußnote 99; Norw. blikk: windstill, ohne einen Luftzug.
[230] Norw. meget smult: sehr ruhig, leicht gekräuselt.

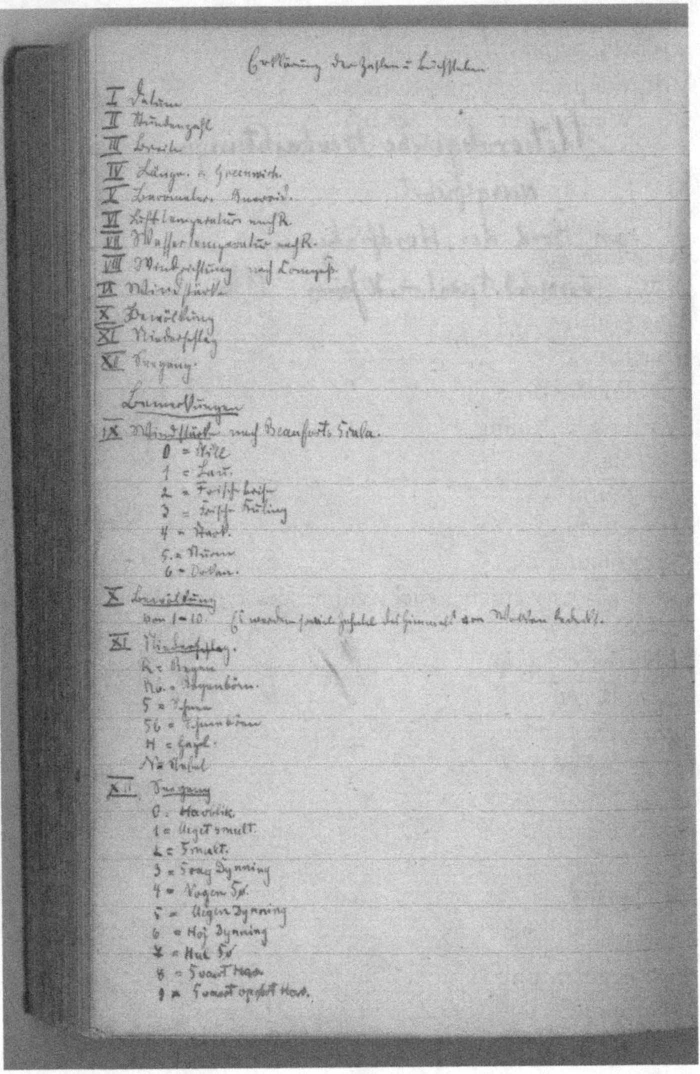

Abb. 15.1 Tagebuch, S. 254, 255

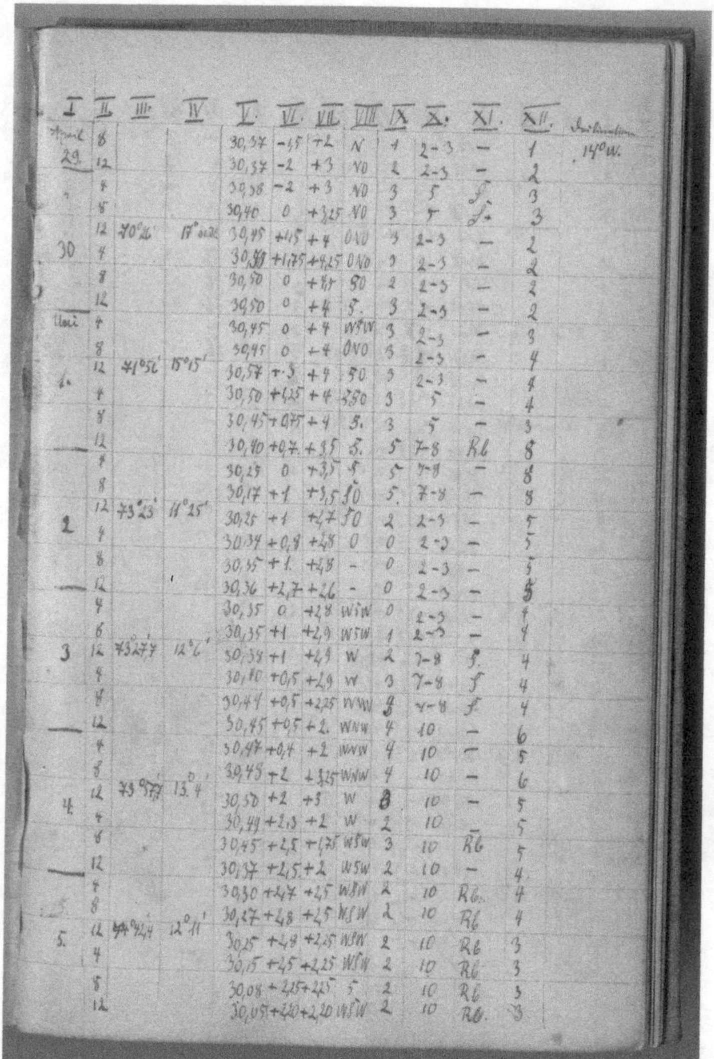

I	II	III	IV	V.	VI.	VII.	VIII	IX	X.	XI.	XII.	[illegible]
April 29.	8			30,37	-1,5	+2	N	1	2-3	–	1	14°W.
	12			30,37	-2	+3	NO	2	2-3	–	2	
	4			30,38	-2	+3	NO	3	5	S.	3	
	8			30,40	0	+3,25	NO	3	5	S.+	3	
30	12	70°26'	17° [illegible]	30,45	+1,5	+4	ONO	3	2-3	–	2	
	4			30,50	+1,75	+4,25	ONO	3	2-3	–	2	
	8			30,50	0	+4,5	SO	2	2-3	–	2	
	12			30,50	0	+4	S.	3	2-3	–	2	
Mai	4			30,45	0	+4	WSW	3	2-3	–	3	
	8			30,45	0	+4	ONO	3	2-3	–	4	
1.	12	71°56'	15°15'	30,57	+·5	+4	SO	3	2-3	–	4	
	4			30,50	+1,25	+4	SSO	3	5	–	4	
	8			30,45	+0,75	+4	S.	3	5	–	3	
	12			30,40	+0,7.	+3,5	S.	5	7-8	Rb	8	
	4			30,25	0	+3,5	S	5	7-8	–	8	
	8			30,17	+1	+3,5	SO	5.	7-8	–	8	
2	12	73°23'	11°25'	30,25	+1	+2,7	SO	2	2-3	–	5	
	4			30,34	+0,8	+2,8	O	0	2-3	–	5	
	8			30,35	+1.	+2,8	-	0	2-3	–	5	
	12			30,36	+2,7	+2,6	-	0	2-3	–	5	
	4			30,35	0	+2,8	WSW	0	2-3	–	4	
	6			30,35	+1	+2,9	WSW	1	2-3	–	4	
3	12	73°27,7'	12°6'	30,38	+1	+2,9	W	2	7-8	S.	4	
	4			30,40	+0,5	+2,9	W	3	7-8	S	4	
	8			30,44	+0,5	+2,25	WNW	3	7-8	S	4	
	12			30,45	+0,5	+2.	WNW	4	10	–	6	
	4			30,47	+0,4	+2	WNW	4	10	–	5	
	8			30,45	+2	+3,25	WNW	4	10	–	6	
4.	12	73°57,7'	13°4'	30,50	+2	+3	W	3.	10	–	5	
	4			30,49	+2,3	+2	W	2	10	–	5	
	8			30,45	+2,5	+1,75	WSW	3	10	Rb	5	
	12			30,37	+2,5.	+2	WSW	2	10	–	4.	
	4			30,30	+2,7	+2,5	WSW	2	10	Rb.	4	
	8			30,27	+2,8	+2,5	WSW	2	10	Rb	4	
5.	12	74°42,4'	12°11'	30,25	+2,8	+2,25	WSW	2	10	Rb	3	
	4			30,15	+2,5	+2,25	WSW	2	10	Rb	3	
	8			30,08	+2,25	+2,25	S	2	10	Rb	3	
	12			30,05	+2,20	+2,20	WSW	2	10	Rb.	3	

Abb. 15.2 , Tagebuch, S. 256, 257

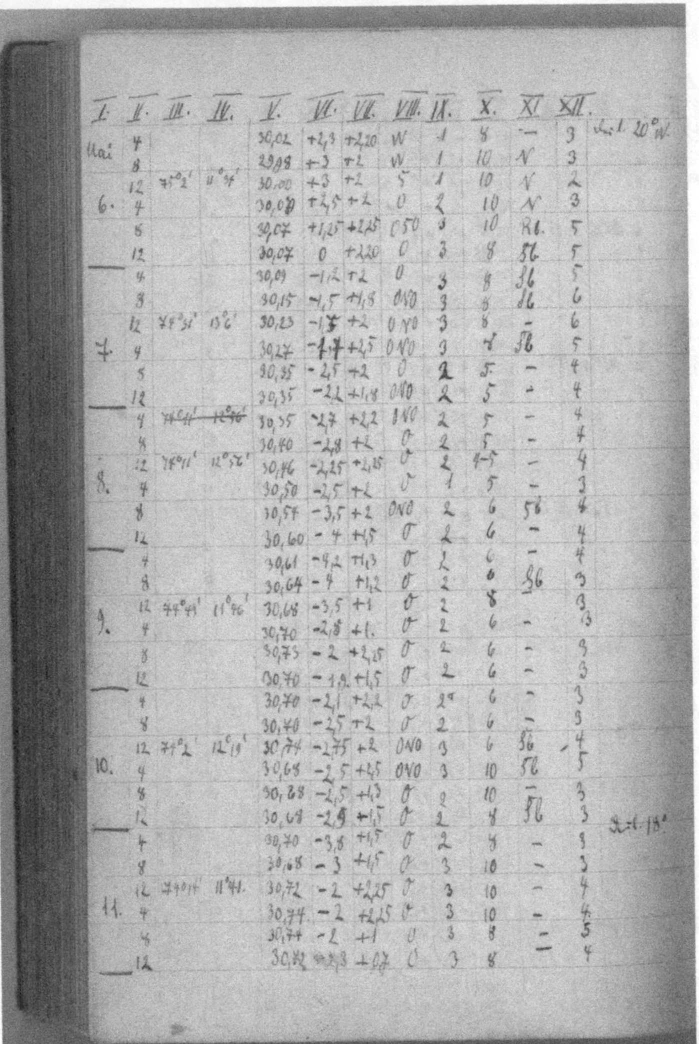

I.	II.	III.	IV.	V.	VI.	VII.	VIII.	IX.	X.	XI	XII.	
Mai	4			30,02	+2,3	+2,20	W	1	8	–	3	[illegible] 20° W.
	8			29,98	+3	+2	W	1	10	N	3	
	12	75°2'	11°34'	30,00	+3	+2	S	1	10	N	2	
6.	4			30,07	+2,5	+2	O	2	10	N	3	
	8			30,07	+1,25	+2,25	OSO	3	10	Rb.	5	
	12			30,07	0	+2,20	O	3	8	Sb	5	
	4			30,09	−1,2	+2	O	3	8	Sb	5	
	8			30,15	−1,5	+1,8	ONO	3	8	Sb	6	
	12	74°31'	13°6'	30,23	−1,7	+2	ONO	3	8	–	6	
7.	4			30,27	−1,7	+2,5	ONO	3	8	Sb	5	
	8			30,35	−2,5	+2	O	2	5	–	4	
	12			30,35	−2,2	+1,8	ONO	2	5	–	4	
	4	~~74°41'~~	~~12°46'~~	30,35	−2,7	+2,2	ONO	2	5	–	4	
	8			30,40	−2,8	+2	O	2	5	–	4	
	12	74°11'	12°52'	30,46	−2,25	+2,25	O	2	4–5	–	4	
8.	4			30,50	−2,5	+2	O	1	5	–	3	
	8			30,54	−3,5	+2	ONO	2	6	Sb	4	
	12			30,60	−4	+1,5	O	2	6	–	4	
	4			30,61	−4,2	+1,3	O	2	6	–	4	
	8			30,64	−4	+1,2	O	2	6	Sb	3	
	12	74°41'	11°46'	30,68	−3,5	+1	O	2	8		3	
9.	4			30,70	−2,8	+1.	O	2	6	–	3	
	8			30,73	−2	+2,25	O	2	6	–	3	
	12			30,70	−1,9	+1,5	O	2	6	–	3	
	4			30,70	−2,1	+2,2	O	2	6	–	3	
	8			30,70	−2,5	+2	O	2	6	–	3	
	12	74°2'	12°19'	30,74	−2,75	+2	ONO	3	6	Sb	4	
10.	4			30,68	−2,5	+2,5	ONO	3	10	Sb	5	
	8			30,68	−2,5	+1,3	O	2	10	–	3	
	12			30,68	−2,9	+1,5	O	2	8	Sb	3	[illegible] 18°
	4			30,70	−3,8	+1,5	O	2	8	–	3	
	8			30,68	−3	+1,5	O	3	10	–	3	
	12	74°14'	11°41.	30,72	−2	+2,25	O	3	10	–	4	
11.	4			30,74.	−2	+2,25	O	3	10	–	4.	
	8			30,74	−2	+1	O	3	8	–	5	
	12			30,72	−2,3	+0,7	O	3	8	–	4	

Abb. 15.2 Tagebuch, S. 256, 257

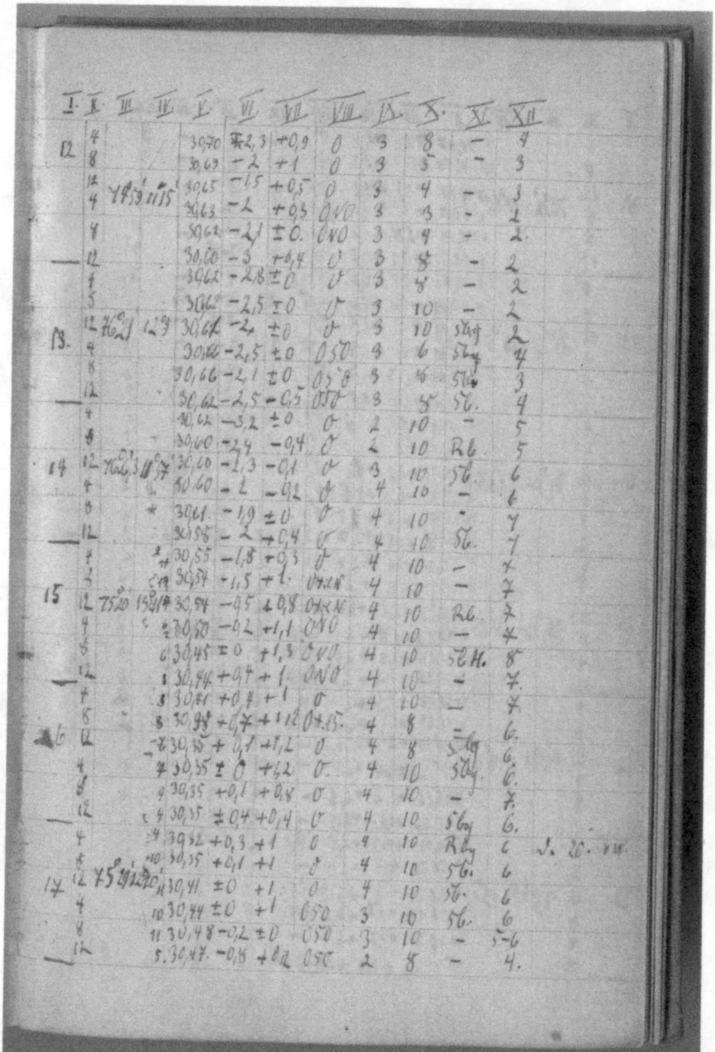

I.	II.	III.	IV.	V.	VI.	VII.	VIII.	IX.	X.	XI.	XII.	
12	4			30,70	−2,3	+0,9	O	3	8	–	4	
	8			30,69	−2	+1	O	3	5	–	3	
	12	74°59'	11°15'	30,65	−1,5	+0,5	O	3	4	–	3	
	4			30,63	−2	+0,3	ONO	3	3	–	2	
	8			30,62	−2,1	±0.	ONO	3	4	–	2.	
	12			30,60	−3	+0,4	O	3	8	–	2	
	4			30,62	−2,8	±0	O	3	8	–	2	
	8			30,62	−2,5	±0	O	3	10	–	2	
13.	12	76°21'	12°9'	30,62	−2	±0	O	3	10	Stg	2	
	4			30,66	−2,5	±0	OSO	3	6	Stg	4	
	8			30,66	−2,1	±0	OSO	3	6	St.	3	
	12			30,62	−2,5	−0,5	OSO	3	5	St.	4	
	4			30,62	−3,2	±0	O	2	10	–	5	
	8			30,60	−2,4	−0,4	O	2	10	Rb.	5	
14	12	76°3'	11°7'	30,60	−1,3	−0,1	O	3	10	St.	6	
	4			30,60	−2	−0,2	O	4	10	–	6	
	8			30,61.	−1,9	±0	O	4	10	–	7	
	12			30,58	−2	+0,4	O	4	10	St.	7	
	4		4	30,55	−1,8	+0,3	O	4	10	–	7	
	8		4	30,54	−1,5	+1.	OzN	4	10	–	7	
15	12	75°20'	15°14'	30,54	−0,5	+0,8	OzN	4	10	Rb.	7	
	4		2	30,50	−0,2	+1,1	ONO	4	10	–	7	
	8		6	30,45	±0	+1,3	ONO	4	10	St.H.	8	
	12		1	30,44	+0,4	+1	ONO	4	10	–	7.	
	4		3	30,41	+0,4	+1	O	4	10	–	7.	
	8		8	30,38	+0,7	+1,2	OzS.	4	8	–	6.	
16	12		7	30,35	+0,1	+1,2	O	4	8	Sbg	6	
	4		7	30,35	±0	+1,2	O.	4	10	Sbg.	6.	
	8		9	30,35	+0,1	+0,8	O	4	10	–	7.	
	12		4	30,35	±0,4	+0,4	O	4	10	Sbg	6.	
	4		4	30,32	+0,3	+1	O	4	10	Rbg	6	J. 20. [illegible]
	8		10	30,35	+0,1	+1	O	4	10	Sb.	6	
17	12	75°29'	12°10' 11	30,41	±0	+1	O	4	10	Sb.	6	
	4		10	30,44	±0	+1	OSO	3	10	Sb.	6	
	8		11	30,48	−0,2	±0	OSO	3	10	–	5–6	
	12		5.	30,47.	−0,8	+0,2	OSO	2	8	–	4.	

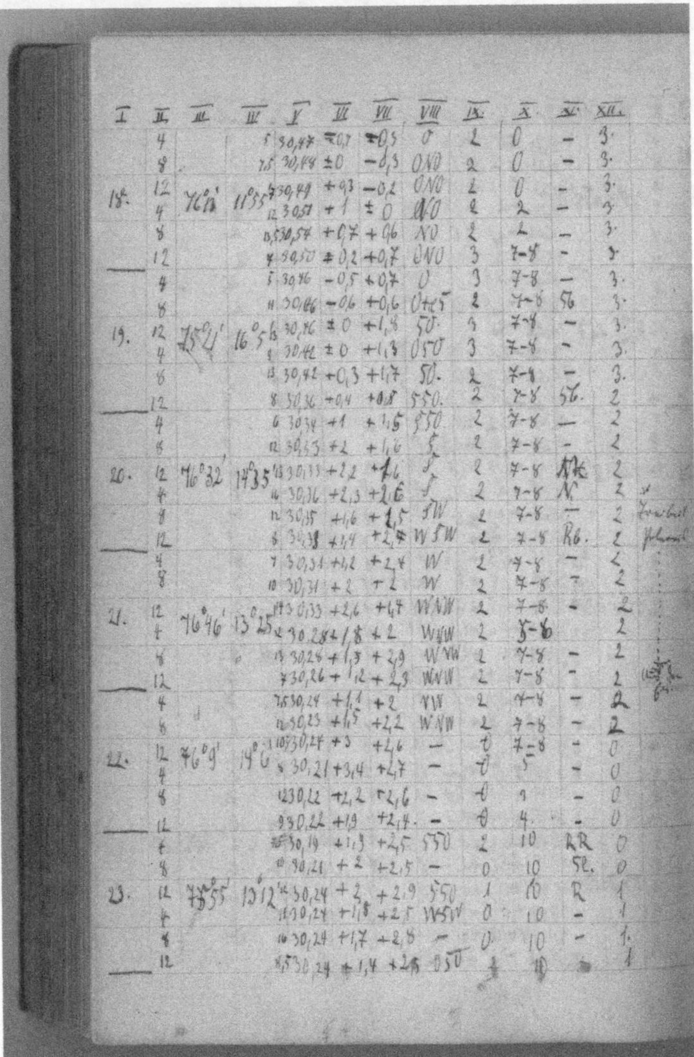

I	II	III	IV	V	VI	VII	VIII	IX	X	XI	XII
	4			5 30,47	∓0,1	∓0,5	O	2	0	–	3.
	8			7,5 30,48	±0	–0,3	ONO	2	0	–	3.
18.	12	76°13'	11°55'	7 30,49	+0,3	–0,2	ONO	2	0	–	3.
	4			12 30,51	+1	±0	NO	2	2	–	3.
	8			10,5 30,54	+0,7	+0,6	NO	2	2	–	3.
	12			4 30,50	±0,2	+0,7	ONO	3	7–8	–	3.
	4			5 30,46	–0,5	+0,7	O	3	7–8	–	3.
	8			11 30,46	–0,6	+0,6	O+SO	2	7–8	Sb	3.
19.	12	75°21'	16°5'	13 30,46	±0	+1,8	SO.	3	7–8	–	3.
	4			1 30,42	±0	+1,3	OSO	3	7–8	–	3.
	8			13 30,42	+0,3	+1,7	SO.	2	7–8	–	3.
	12			8 30,36	+0,4	+0,8	SSO.	2	7–8	Sb.	2
	4			6 30,34	+1	+1,5	SSO	2	7–8	—	2
	8			12 30,33	+2	+1,6	S	2	7–8	–	2
20.	12	76°32'	14°35'	13 30,33	+2,2	+2,6	S	2	7–8	Nk	2
	4			16 30,36	+2,3	+2,6	S	2	7–8	N.	2
	8			12 30,35	+1,6	+1,5	SW	2	7–8	–	2
	12			8 30,38	+1,4	+2,7	WSW	2	7–8	Rb.	2
	4			7 30,34	+1,2	+2,4	W	2	7–8	–	2
	8			10 30,31	+2	+2	W	2	7–8	–	2
21.	12	76°46'	13°25'	14 30,33	+2,6	+1,4	WNW	2	7–8	–	2
	4			12 30,28	+1,8	+2	WNW	2	7–8		2
	8			13 30,28	+1,3	+2,9	WNW	2	7–8	–	2
	12			7 30,26	+1,2	+2,3	WNW	2	7–8	–	2
	4			7,5 30,24	+1,1	+2	NW	2	7–8	–	2
	8			12 30,23	+1,5	+2,2	WNW	2	7–8	–	2
22.	12	76°9'	14°6'	10 30,24	+3	+2,6	—	0	7–8	–	0
	4			8 30,21	+3,4	+2,7	—	0	5	–	0
	8			12 30,22	+2,2	+2,6	–	0	9	–	0
	12			9 30,22	+1,9	+2,4	–	0	4	–	0
	4			8 30,19	+1,3	+2,5	SSO	2	10	RR	0
	8			10 30,21	+2	+2,5	–	0	10	Sl.	0
23.	12	75°55'	13°12'	14 30,24	+2	+2,9	SSO	1	10	R	1
	4			11 30,24	+1,8	+2,5	WSW	0	10	–	1
	8			16 30,24	+1,7	+2,8	–	0	10	–	1.
	12			8,5 30,24	+1,4	+2,5	OSO	1	10	–	1

Abb. 15.3 Tagebuch, S. 258, 259

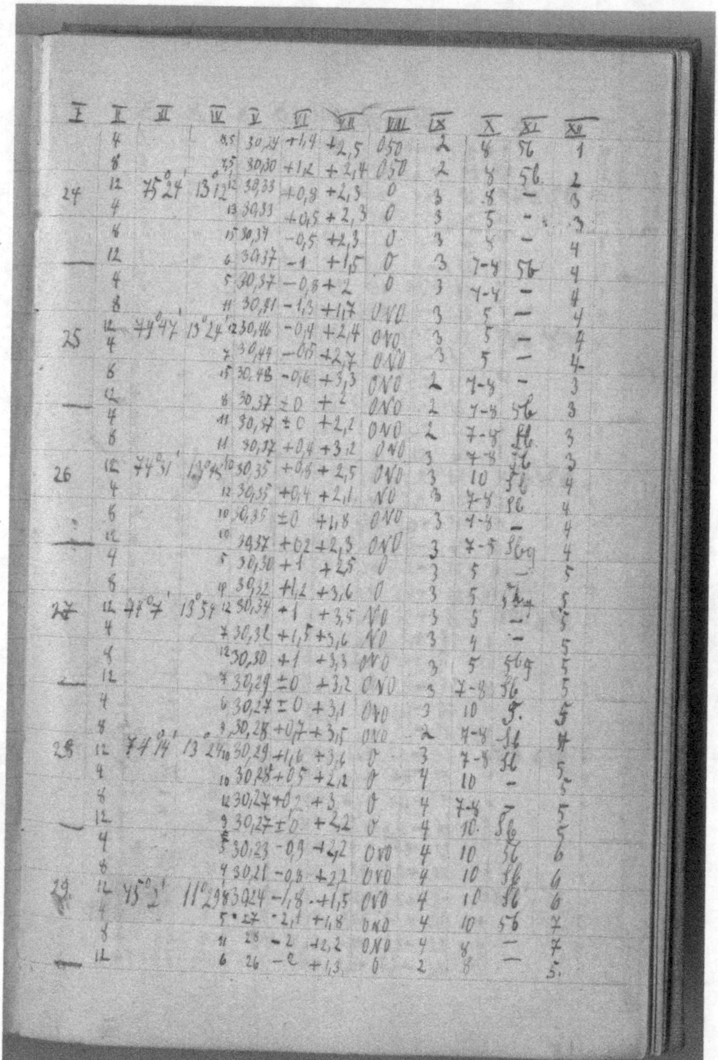

I	II	III	IV	V	VI	VII	VIII	IX	X	XI	XII
	4		8,5	30,24	+1,4	+2,5	OSO	2	8	56	1
	8		7,5	30,30	+1,2	+2,4	OSO	2	8	56.	2
24	12	75°24'	13°12' 12	30,33	+0,8	+2,3	0	3	8	–	3
	4		13	30,33	+0,5	+2,3	0	3	5	–	3
	8		15	30,37	-0,5	+2,3	0	3	5	–	4
—	12		6	30,37	-1	+1,5	0	3	7-8	56	4
	4		5	30,37	-0,8	+2	0	3	7-8	–	4
	8		11	30,41	-1,3	+1,7	ONO	3	5	–	4
25	12	74°47'	13°24' 12	30,46	-0,4	+2,4	ONO	3	5	–	4
	4		7	30,44	-0,5	+2,7	ONO	3	5	–	4-
	8		15	30,48	-0,6	+3,3	ONO	2	7-8	–	3
—	12		8	30,37	±0	+2	ONO	2	7-8	56	3
	4		11	30,37	±0	+2,2	ONO	2	7-8	56	3
	8		11	30,37	+0,4	+3,2	ONO	3	7-8	56	3
26	12	74°31'	13°45' 10	30,35	+0,6	+2,5	ONO	3	10	56	4
	4		12	30,35	+0,4	+2,1	NO	3	7-8	56	4
	8		10	30,35	±0	+1,8	ONO	3	7-8	–	4
—	12		10	30,37	+0,2	+2,3	ONO	3	7-8	56g	4
	4		5	30,30	+1	+2,5	0	3	5	–	5
	8		4	30,32	+1,2	+3,6	0	3	5	56g	5
27	12	74°7'	13°54' 12	30,34	+1	+3,5	NO	3	5	–	5
	4		7	30,32	+1,5	+3,6	NO	3	4	–	5
	8		12	30,30	+1	+3,3	ONO	3	5	56g	5
—	12		7	30,29	±0	+3,2	ONO	3	7-8	56	5
	4		6	30,27	±0	+3,1	ONO	3	10	g.	5
	8		9	30,28	+0,7	+3,5	ONO	2	7-8	56	4
28	12	74°14'	13°24' 10	30,29	+1,6	+3,6	0	3	7-8	56	5
	4		10	30,28	+0,5	+2,2	0	4	10	–	5
	8		12	30,27	+0,2	+3	0	4	7-8	–	5
—	12		9	30,27	±0	+2,2	0	4	10	56	5
	4		5	30,23	-0,9	+2,2	ONO	4	10	56	6
	8		4	30,21	-0,8	+2,2	ONO	4	10	56	6
29.	12	75°2'	11°29' 8	30,24	-1,8	+1,5	ONO	4	10	56	6
	4		5	27	-2,1	+1,8	ONO	4	10	56	7
	8		11	28	-2	+2,2	ONO	4	8	–	7
—	12		6	26	-2	+1,3	0	2	8	–	5.

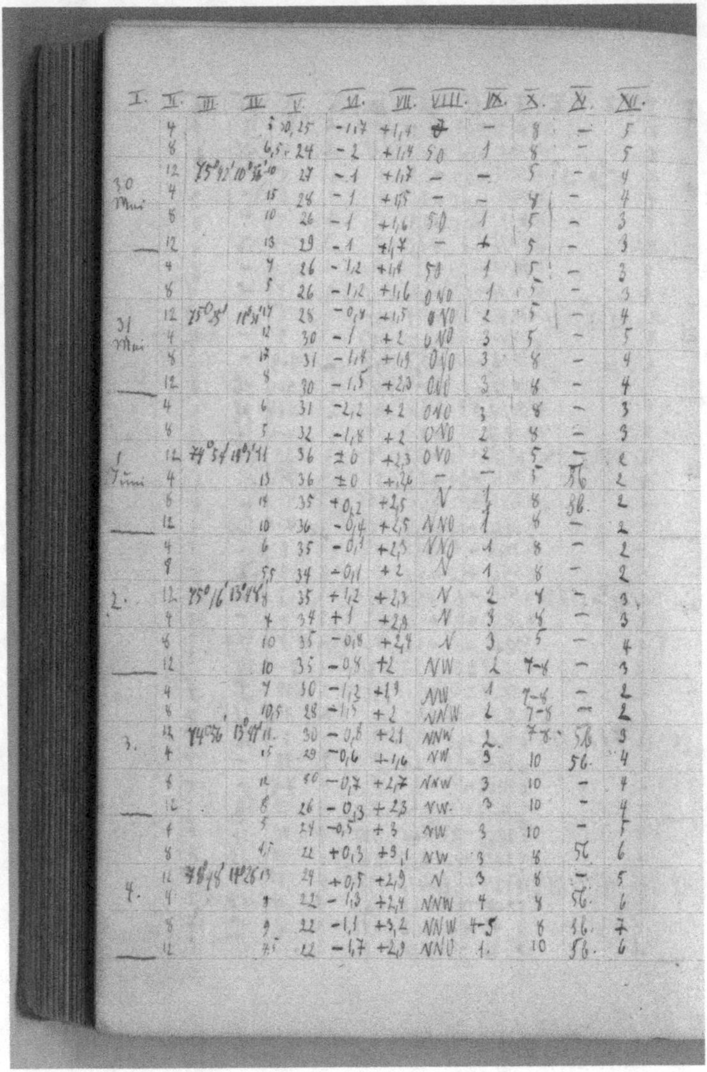

I.	II.	III	IV	V.	VI.	VII.	VIII.	IX.	X.	XI.	XII.
	4		5	30,25	−1,7	+1,4	8	–	8	–	5
	8		6,5	24	−2	+1,4	SO	1	8	–	5
	12	75°42' 10°56'	10	27	−1	+1,7	–	–	5	–	4
30 Mai	4		15	28	−1	+1,5	–	–	4	–	4
	8		10	26	−1	+1,6	SO	1	5	–	3
	12		13	29	−1	+1,7	–	1	5	–	3
	4		7	26	−1,2	+1,4	SO	1	5	–	3
	8		5	26	−1,2	+1,6	ONO	1	5	–	3
	12	75°25' 11°31'	14	28	−0,4	+1,5	ONO	2	5	–	4
31 Mai	4		12	30	−1	+2	ONO	3	5	–	5
	8		17	31	−1,4	+1,9	ONO	3	8	–	4
	12		8	30	−1,5	+2,3	ONO	3	8	–	4
	4		6	31	−2,2	+2	ONO	3	8	–	3
	8		5	32	−1,8	+2	ONO	2	8	–	3
1	12	74°54' 11°3'	11	36	±0	+2,3	ONO	2	5	–	2
Juni	4		13	36	±0	+2,6	–	–	5	Sb	2
	8		14	35	+0,2	+2,5	N	1	8	Sb.	2
	12		10	36	−0,4	+2,5	NNO	1	8	–	2
	4		6	35	−0,1	+2,5	NNO	1	8	–	2
	8		5,5	34	−0,1	+2	N	1	8	–	2
2.	12	75°16' 13°48'	8	35	+1,2	+2,3	N	2	8	–	3
	4		7	34	+1	+2,9	N	3	8	–	3
	8		10	35	−0,8	+2,4	N	3	5	–	4
	12		10	35	−0,8	+2	NW	2	7–8	–	3
	4		7	30	−1,3	+1,9	NW	1	7–8	–	2
	8		10,5	28	−1,5	+2	NNW	2	7–8	–	2
3.	12	74°56' 13°41'	11.	30	−0,8	+2,1	NNW	2.	7–8.	Sb	3
	4		15	29	−0,6	+1,6	NW	3	10	Sb.	4
	8		12	30	−0,7	+2,7	NNW	3	10	–	4
	12		8	26	−0,3	+2,3	NW.	3	10	–	4
	4		5	24	−0,5	+3	NW	3	10	–	5
	8		4,5	22	+0,3	+3,1	NW	3	8	Sb	6
4.	12	78°18' 14°26'	13	24	+0,5	+2,9	N	3	8	–	5
	4		9	22	−1,3	+2,4	NNW	4	8	Sb.	6
	8		9	22	−1,1	+3,2	NNW	4–5	8	Sb.	7
	12		4,5	22	−1,7	+2,9	NNO	1.	10	Sb.	6

Abb. 15.4 Tagebuch, S. 260, 261

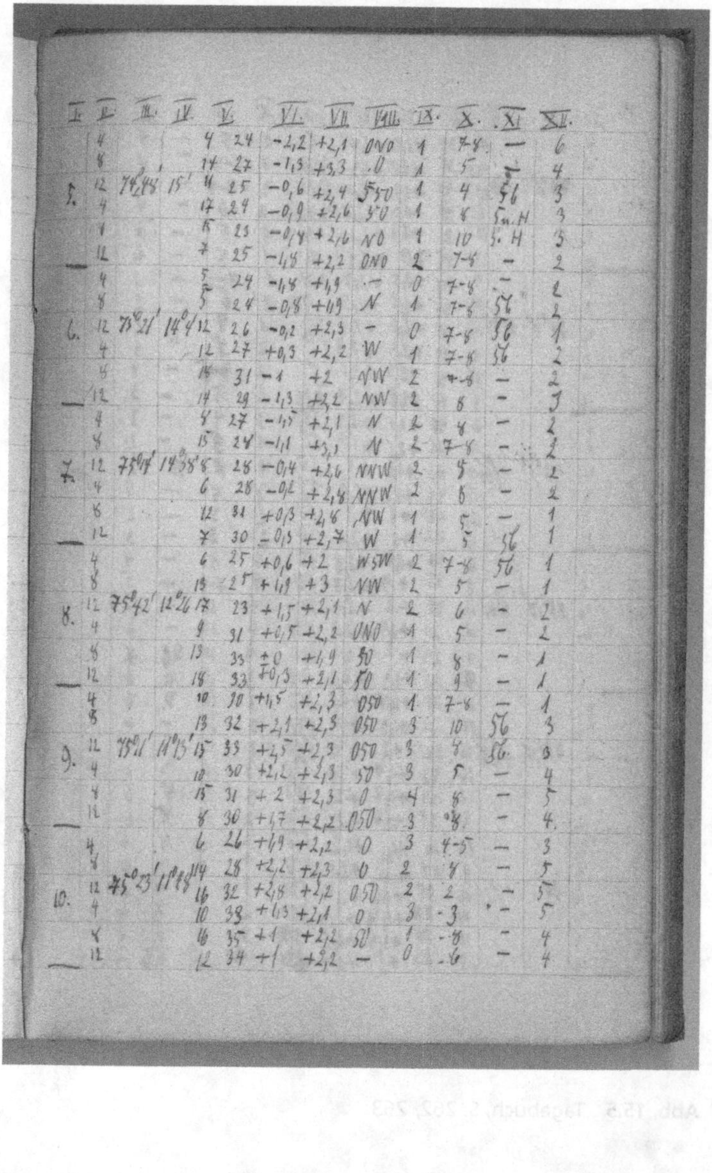

I	II	III	IV	V		VI	VII	VIII	IX	X	XI	XII
	4			4	24	-2,2	+2,1	ONO	1	7-8	—	6
	8			14	27	-1,3	+3,3	O	1	5	—	4
5.	12	74°48'	15'	11	25	-0,6	+2,4	SSO	1	4	Sb	3
	4			17	24	-0,9	+2,6	SO	1	8	Sn.H	3
	8			15	23	-0,4	+2,6	NO	1	10	S. H	3
—	12			7	25	-1,8	+2,2	ONO	2	7-8	—	2
	4			5	24	-1,8	+1,9	—	0	7-8	—	2
	8			5	24	-0,8	+1,9	N	1	7-8	Sb	2
6.	12	75°21'	14°4'	12	26	-0,2	+2,3	—	0	7-8	Sb	1
	4			12	27	+0,3	+2,2	W	1	7-8	Sb	2
	8			15	31	-1	+2	NW	2	7-8	—	2
—	12			14	29	-1,3	+2,2	NW	2	6	—	3
	4			8	27	-1,5	+2,1	N	2	8	—	2
	8			15	28	-1,1	+3,1	N	2	7-8	—	2
7.	12	75°14'	14°38'	8	28	-0,4	+2,6	NNW	2	5	—	2
	4			6	28	-0,2	+2,8	NNW	2	6	—	2
	8			12	31	+0,3	+2,6	NW	1	5	—	1
—	12			7	30	-0,3	+2,7	W	1	5	Sb	1
	4			6	25	+0,6	+2	WSW	2	7-8	Sb	1
	8			13	25	+1,9	+3	NW	2	5	—	1
8.	12	75°42'	12°26'	17	23	+1,5	+2,1	N	2	6	—	2
	4			9	31	+0,5	+2,2	ONO	1	5	—	2
	8			13	33	±0	+1,9	SO	1	8	—	1
—	12			18	33	+0,3	+2,1	SO	1	9	—	1
	4			10	30	+1,5	+2,3	OSO	1	7-8	—	1
	8			13	32	+2,1	+2,3	OSO	3	10	Sb	3
9.	12	75°21'	11°15'	15	33	+2,5	+2,3	OSO	3	8	Sb.	3
	4			10	30	+2,2	+2,3	SO	3	5	—	4
	8			15	31	+2	+2,3	O	4	8	—	5
—	12			8	30	+1,7	+2,2	OSO	3	8	—	4.
	4			6	26	+1,9	+2,2	O	3	4-5	—	3
	8			14	28	+2,2	+2,3	O	2	8	—	5
10.	12	75°23'	11°48'	16	32	+2,8	+2,2	OSO	2	2	—	5
	4			10	38	+1,3	+2,1	O	3	3	—	5
	8			16	35	+1	+2,2	SO	1	8	—	4
—	12			12	34	+1	+2,2	—	0	6	—	4

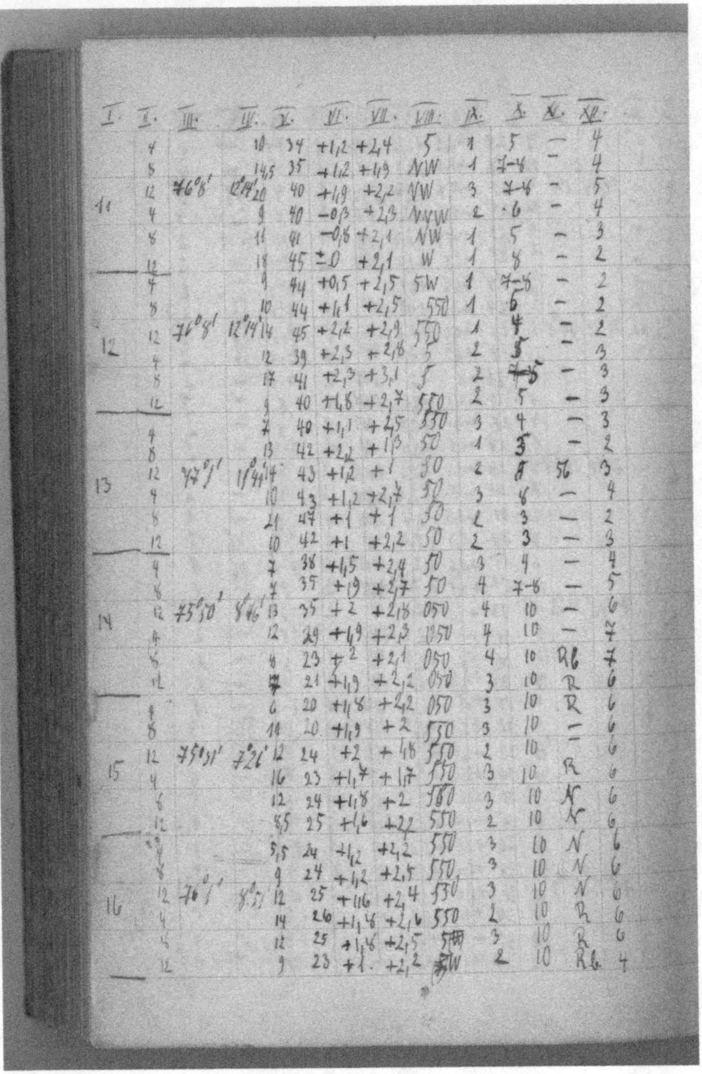

I.	II.	III.	IV.	V.	VI.	VII.	VIII.	IX.	X.	XI.	XII.
	4			10	34	+1,2	+2,4	S	1	5	–	4
	8			14,5	35	+1,2	+1,9	NW	1	7–8	–	4
	12	76°8'	12°14'	20	40	+1,9	+2,2	NW	3	7–8	–	5
11	4			9	40	−0,3	+2,3	NNW	2	6	–	4
	8			11	41	−0,8	+2,1	NW	1	5	–	3
	12			18	45	±0	+2,1	W	1	8	–	2
	4			9	44	+0,5	+2,5	SW	1	7–8	–	2
	8			10	44	+1,1	+2,5	SSO	1	6	–	2
12	12	76°8'	12°14'	14	45	+2,2	+2,9	SSO	1	4	–	2
	4			12	39	+2,3	+2,8	S	2	5	–	3
	8			17	41	+2,3	+3,1	S	2	~~7–8~~	–	3
	12			9	40	+1,8	+2,7	SSO	2	5	–	3
	4			7	40	+1,1	+2,5	SSO	3	4	–	3
	8			13	42	+2,2	+1,3	SO	1	5	–	2
13	12	77°7'	11°44'	14	43	+1,2	+1	SO	2	8	56	3
	4			10	43	+1,2	+2,7	SO	3	8	–	4
	8			21	47	+1	+1	SO	2	3	–	2
	12			10	42	+1	+2,2	SO	2	3	–	3
	4			7	38	+1,5	+2,4	SO	3	4	–	4
	8			7	35	+1,9	+2,7	SO	4	7–8	–	5
14	12	75°50'	8°46'	13	35	+2	+2,8	OSO	4	10	–	6
	4			12	29	+1,9	+2,3	OSO	4	10	–	7
	8			8	23	+2	+2,1	OSO	4	10	Rb	7
	12			7	21	+1,9	+2,2	OSO	3	10	R	6
	4			6	20	+1,8	+2,2	OSO	3	10	R	6
	8			11	20	+1,9	+2	SSO	3	10	–	6
15	12	75°31'	7°26'	12	24	+2	+1,8	SSO	2	10	–	6
	4			16	23	+1,7	+1,7	SSO	3	10	R	6
	8			12	24	+1,8	+2	SSO	3	10	N	6
	12			8,5	25	+1,6	+2,2	SSO	2	10	N	6
	4			5,5	24	+1,2	+2,2	SSO	3	10	N	6
	8			9	24	+1,2	+2,5	SSO	3	10	N	6
16	12	76°1'	8°5'	12	25	+1,6	+2,4	SSO	3	10	N	6
	4			14	26	+1,8	+2,6	SSO	2	10	R	6
	8			12	25	+1,8	+2,5	[illegible]	3	10	R	6
	12			9	23	+1	+2,2	SW	2	10	Rb	4

Abb. 15.5 Tagebuch, S. 262, 263

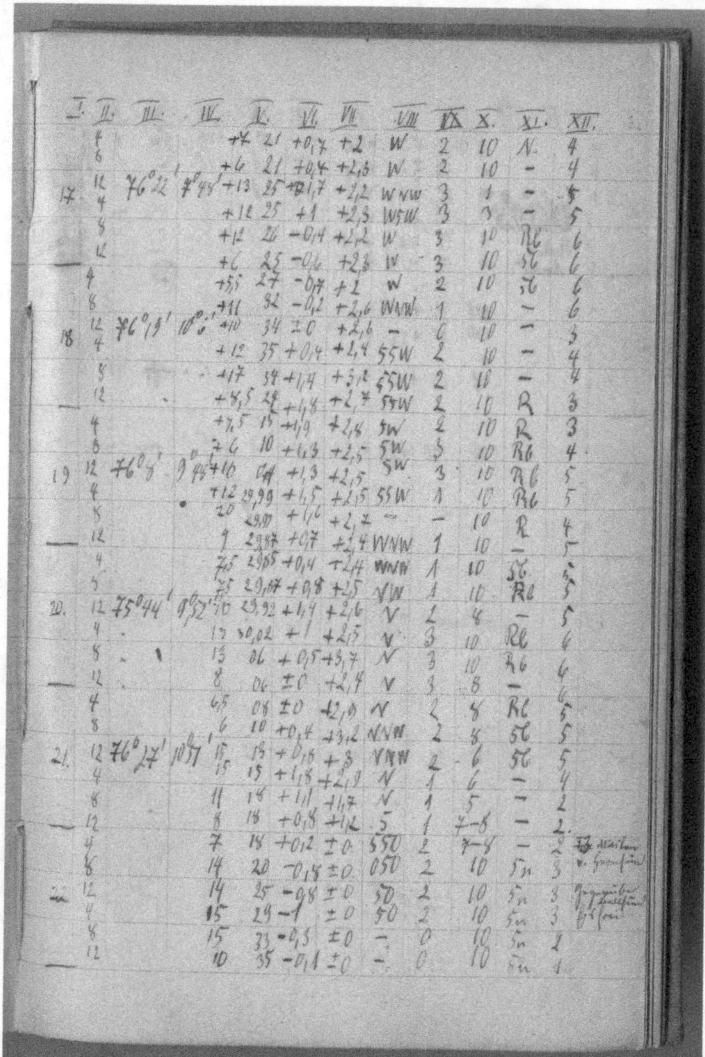

I.	II.	III.	IV.	V.	VI.	VII.	VIII.	IX.	X.	XI.	XII.	
	4			+7	21	+0,7	+2	W	2	10	N.	4	
	6			+6	21	+0,4	+2,3	W	2	10	–	4	
17.	12	76°22'	7°48'	+13	25	+1,7	+2,2	WNW	3	1	–	5	
	4			+12	25	+1	+2,3	WSW	3	3	–	5	
	8			+12	26	−0,4	+2,2	W	3	10	Rb	6	
	12			+6	25	−0,6	+2,3	W	3	10	Sb	6	
	4			+5,5	27	−0,7	+2	W	2	10	Sb	6	
	8			+11	32	−0,2	+2,6	WNW	1	10	–	6	
18	12	76°19'	10°0'	+10	34	±0	+2,6	–	0	10	–	3	
	4			+12	35	+0,4	+2,4	SSW	2	10	–	4	
	8			+17	34	+1,4	+3,2	SSW	2	10	–	4	
	12			+8,5	24	+1,8	+2,7	SSW	2	10	R	3	
	4			+7,5	15	+1,9	+2,8	SW	2	10	R	3	
	8			+6	10	+1,3	+2,5	SW	3	10	Rb	4	
19	12	76°8'	9°48'	+10	04	+1,3	+2,5	SW	3	10	Rb	5	
	4			+12	29,99	+1,5	+2,5	SSW	1	10	Rb	5	
	8			20	29,97	+1,6	+2,7	–	–	10	R	4	
	12			9	29,87	+0,7	+2,4	WNW	1	10	–	5	
	4			7,5	29,85	+0,4	+2,4	WNW	1	10	Sb	5	
	8			7,5	29,87	+0,8	+2,5	NW	1	10	Rb	5	
20.	12	75°44'	9°52'	10	29,92	+1,4	+2,6	N	2	8	–	5	
	4			13	30,02	+1	+2,5	N	3	10	Rb	6	
	8			13	06	+0,5	+3,7	N	3	10	Rb	6	
	12			8	06	±0	+2,4	N	3	8	–	6	
	4			6,5	08	±0	+2,0	N	2	8	Rb	5	
	8			6	10	+0,4	+3,2	NNW	2	8	Sb	5	
21.	12	76°27'	10°37'	15	13	+0,6	+3	NNW	2	6	Sb	5	
	4			15	15	+1,8	+2,9	N	1	6	–	4	
	8			11	18	+1,1	+1,7	N	1	5	–	2	
	12			8	18	+0,8	+1,2	S	1	7–8	–	2.	
	4			7	18	+0,2	±0	SSO	2	7–8	–	2	[illegible]
	8			14	20	−0,8	±0	OSO	2	10	Sn	3	[illegible]
22	12			14	25	−0,8	±0	SO	2	10	Sn	3	[illegible]
	4			15	29	−1	±0	SO	2	10	Sn	3	[illegible]
	8			15	33	−0,3	±0	–	0	10	Sn	2	
	12			10	35	−0,1	±0	–	0	10	Sn	1	

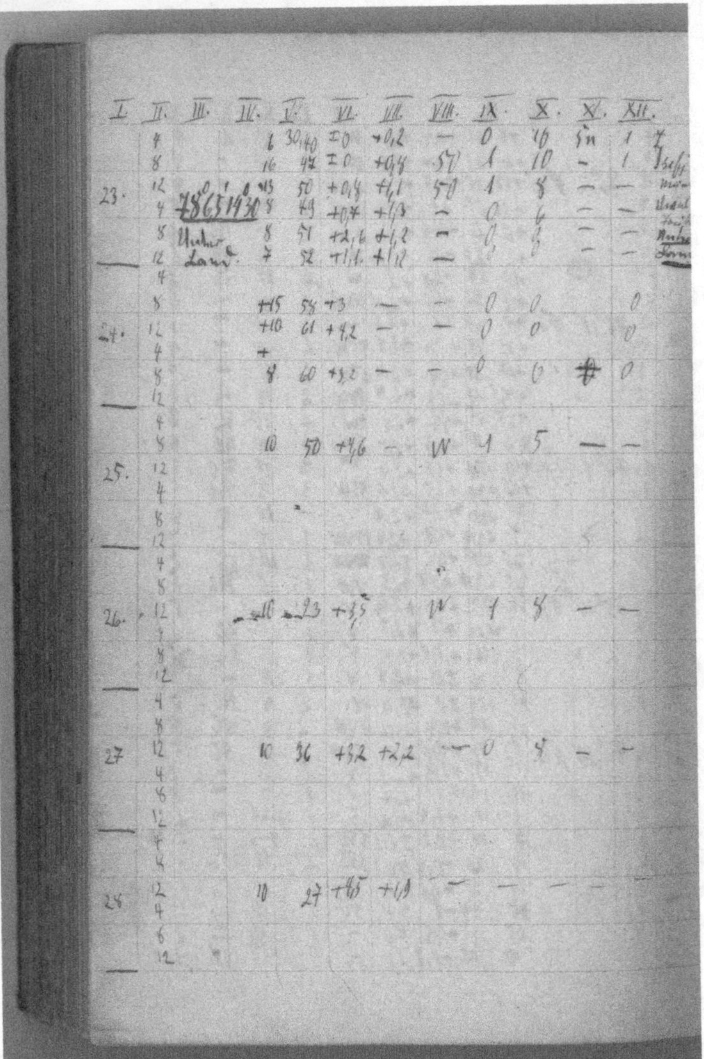

Abb. 15.6 Tagebuch, S. 264, 265

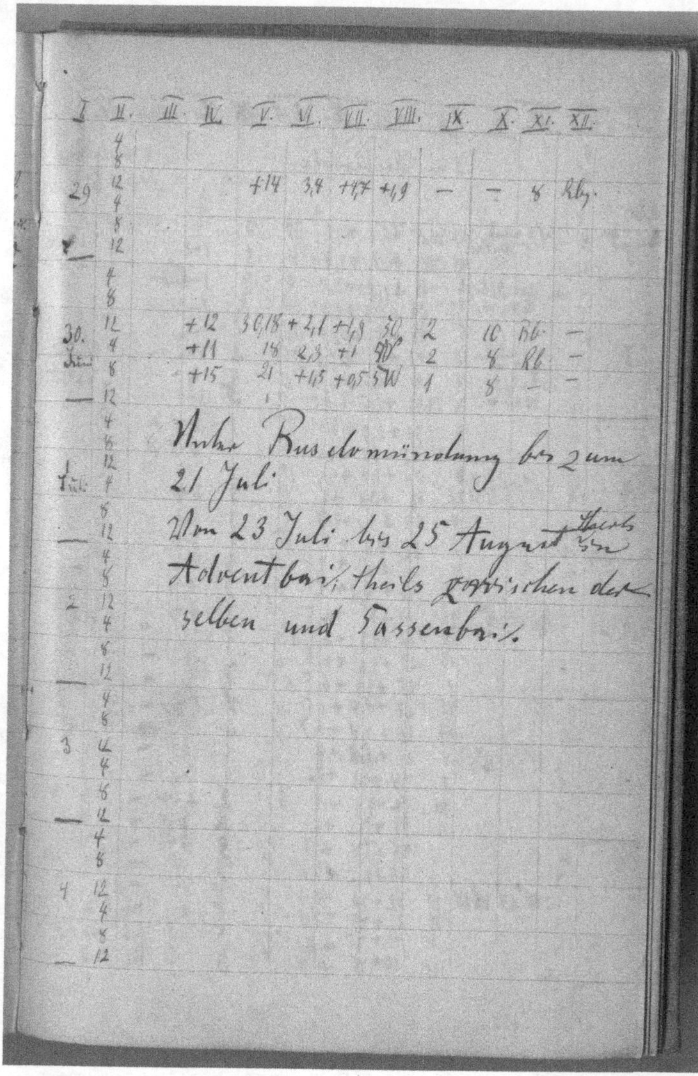
Anker Russelmündung bis 2 am
21 Juli
Vom 23 Juli bis 25 August theils in
Adventbai, theils zwischen der-
selben und Sassenbai.

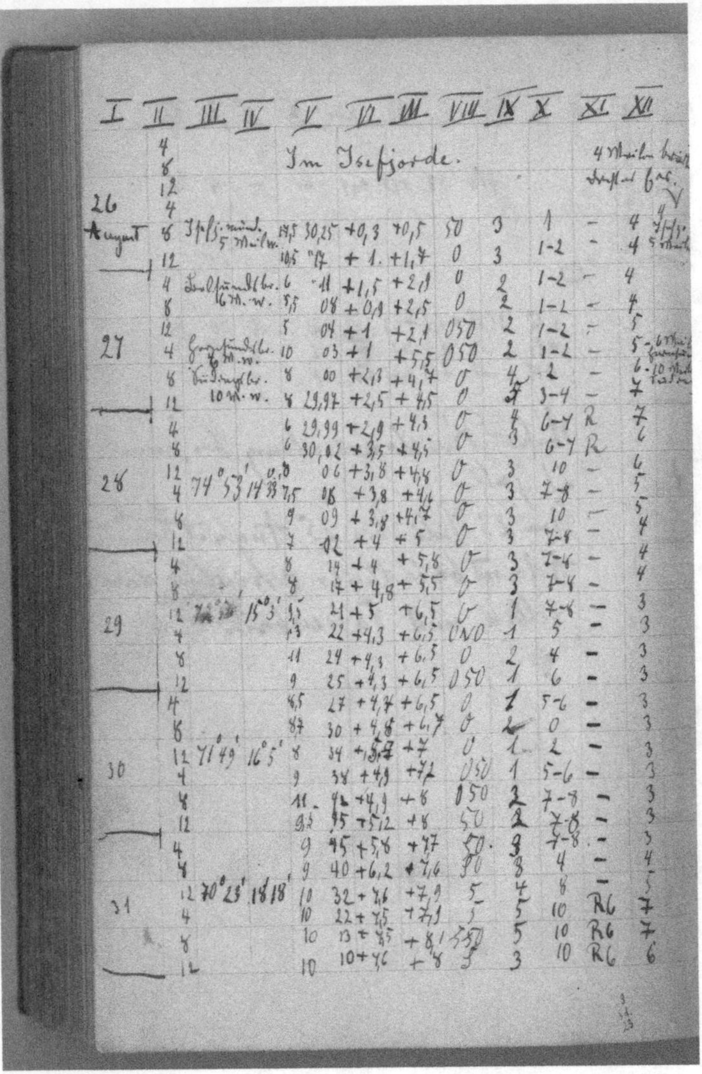

	4										
	8										
	12										
26	4										
August	8	5 Meilen w.	17,5	30,25	+0,3	+0,5	50	3	1	-	4
	12		10,5	"17	+1.	+1,7	0	3	1-2	-	4
	4	6 M. w.	6	"11	+1,5	+2,9	0	2	1-2	-	4
	8		5,5	08	+0,9	+2,5	0	2	1-2	-	4
	12		5	04	+1	+2,1	050	2	1-2	-	5
27	4	6 M. w.	10	03	+1	+5,5	050	2	1-2	-	5
	8	10 M. w.	8	00	+2,3	+4,7	0	4	2	-	6
	12		8	29,97	+2,5	+4,5	0	4	3-4	-	7
	4		6	29,99	+2,9	+4,3	0	4	6-7	R	7
	8		6	30,02	+3,5	+4,5	0	3	6-7	R	6
28	12	74°53' 14°33'	0,0	06	+3,8	+4,8	0	3	10	-	6
	4		7,5	06	+3,8	+4,6	0	3	7-8	-	5
	8		9	09	+3,8	+4,7	0	3	10	-	4
	12		7	12	+4	+5	0	3	7-8	-	4
	4		8	14	+4	+5,8	0	3	7-8	-	4
	8		8	17	+4,8	+5,5	0	3	7-8	-	3
29	12	[illegible] 15°3'	9,5	21	+5	+6,5	0	1	7-8	-	3
	4		13	22	+4,3	+6,5	UNO	1	5	-	3
	8		11	24	+4,3	+6,5	0	2	4	-	3
	12		9	25	+4,3	+6,5	050	1	6	-	3
	4		8,5	27	+4,7	+6,5	0	1	5-6	-	3
	8		8,7	30	+4,8	+6,7	0	2	0	-	3
30	12	71°49' 16°5'	8	34	+5,7	+7	0	1	2	-	3
	4		9	38	+4,9	+7,2	050	1	5-6	-	3
	8		11	42	+4,9	+8	050	2	7-8	-	3
	12		9,5	45	+5,2	+8	50	2	7-8	-	3
	4		9	45	+5,8	+7,7	50	3	7-8	-	3
	4		9	40	+6,2	+7,6	50	3	4	-	4
31	12	70°23' 18°18'	10	32	+7,6	+7,9	5	4	8	-	5
	4		10	22	+7,5	+7,9	5	5	10	R6	7
	8		10	13	+7,5	+8	550	5	10	R6	7
	12		10	10	+7,6	+8	S	3	10	R6	6

Abb. 15.7 Tagebuch, S. 266, 267

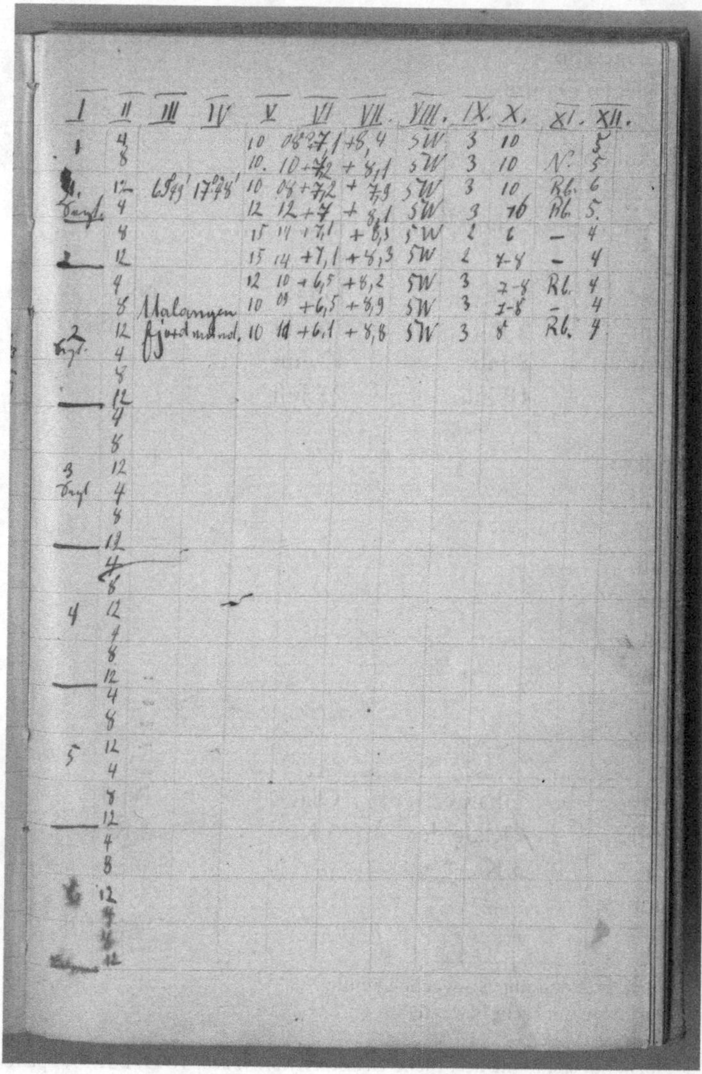

I	II	III	IV	V	VI	VII	VIII	IX	X	XI	XII
1	4			10	08 +7,1	+8,4	SW	3	10		5
	8			10.	10 +7,2	+8,1	SW	3	10	N.	5
1.	12	69°49'	17°48'	10	08 +7,2	+7,9	SW	3	10	Rb.	6
Tag.	4			12	12 +7	+8,1	SW	3	10	Rb.	5.
	8			15	14 +7,1	+8,3	SW	2	6	–	4
	12			15	14 +7,1	+8,3	SW	2	7-8	–	4
	4			12	10 +6,5	+8,2	SW	3	7-8	Rb.	4
	8	Malangen		10	09 +6,5	+8,9	SW	3	7-8	–	4
2	12	fjordmund.		10	10 +6,1	+8,8	SW	3	8	Rb.	4
Tag.	4										
	8										
	12										
	4										
	8										
3	12										
Tag	4										
	8										
	12										
	4										
	8										
4	12										
	4										
	8										
	12										
	4										
	8										
5	12										
	4										
	8										
	12										
	4										
	8										
6	12										
	4										
	8										
	12										

3 = Svag Dynning[231]
4 = Nogen Sø.[232]
5 = Megen Dynning.
6 = Hoj[233] Dynning
7 = Hul Sø[234]
8 = Svært Hav.[235]
9 = Svært oprørt Hav.[236]

Gustav[237]	Olaf	Johan	Nils
28 Juni	5 Juli	16 Juli	20 Juli
29 Juni	8 Juli	17 Juli	
3 Juli	10 juli	21 Juli	
14 Juli			
16 Juli.			
17 Juli.			
21 Juli.			
23 Juli.			
31 Juli.			
3 Aug.			
4 Aug.			
16 Aug.			
17 Aug.			

Gustav	Johan	Olav.	Peter.
13 [5]K.	Oelkleider	5 Kr.	3 Kr
Tau	3 Kr.		
Pelzmütze			

231 Norw. svak dønning: schwache Dünung.
232 Norw. noe sjø: leicht bewegte See.
233 Norw. høy: hoch.
234 Norw. hul sjø: hohle See. Siehe *Deutsches Wörterbuch,* 1899, Bd. 15, Spalte 2816: „wenn die Wellen sehr hoch (hohl) gehen [...]".
235 Norw. svært hav: hohe See.
236 Norw. svært opprørt -: sehr hohe See.
237 Ab hier mit Bleistift geschrieben.

Anton	Eduard	Dalberg	Kock[238]
3 Kr	3 Kr.	3 Kr.	10 Kr.
Blechbüchsen			[Mantel]
[ver]Flaschen			
Hosen[239]			

55, 43 Kr
Nils 60 Kr 5 Kr u Arvig.
Gustav. 15 Kr. Tau, Pelzmütze.
Johan 4 Kr. Ölkleider.
Olaf. 5 Kr.
Peter. 3 Kr. Hosen, Kaffee.
Anton 3 Kr. Anzug, Blechbüchsen Flaschen.
Eduard. 4 Kr.
Dalberg 4 Kr.
Kock 10 Kr.

1 a Stein 25m Chiton. Annel. 21 Juni
1. E. Stein 25m
Scrape

1.	Lehmiger Boden ohne Steine 20m. Anneliden, Gephyreen, Asterh in Massen, einige andere Lamellib.	25 Juni
2	Steiniger Boden, lose Steine 45m. Ascidien, Anneliden, (Terebellen Clymene, Phyllodoc. Nereiden Paguriden	25 Juni
3	Steiniger Boden mit Lehm 40m Anneliden Paguriden	25 Juni
4.	Steiniger Boden 160m	28 Juni
5.	Steiniger Boden 100m Ascidien, Krebse, Ophiuren	28 Juni

238 Siehe Fußnote 198.
239 Ab hier mit Tinte geschrieben.

6	Steiniger Boden 100m. dasselbe	28 Juni
7	Lehmiger Boden mit Stein 80 m Anneliden, Gephyreen, Ophiuren, Fisch	29 Juni
8.	Lehmiger Boden mit Stein 80m dasselbe	29 Juni
9.	Lehmiger Boden 30 m.	1 Juli
10.	Lehmiger Boden 30 m	1 Juli
11.	Steine [2 Juli] 10 m. Chitonen	2 Juli
12	Steine 170 m Asteriden, Ophiuren, Chitonen Tere- bellen Syllid. Nereiden.	3 Juli
13	Steine 110 m	3 Juli
14	Steine 75m Synascidien, Echinoder.	3 Juli
15.	Lehmboden mit Stein 40 m	5 Juli.
16	Lehmboden mit Stein 40 m.	5 Juli
17	Lehmboden mit Stein 80 m Anneliden Geph. Ammotryp.	5 Juli
18	Lehmboden mit Stein 80 m dasselbe	5 Juli
Scrape 19	Lehmb. mit Stein 50 m	5 Juli
Scrape 20	Steinboden mit Lehmmudder 60 m. Anneliden,	6 Juli
Sc. 21.	Steinboden 100 m	8 Juli
22	Steinboden 90 m.	8 Juli.
Sc 23	Steinboden 85 m	8 Juli
24	Steinboden 75 m	8 Juli
25.	Steinboden 100 m Massenhaft Terebellen; Balanus Nere- iden, Asteriden Echinoder etc.	8 Juli
Sc 26	Lehmboden 20 m Anneliden: Ammotryp. Phyllod. etc. Cruster Lamellibr.	10 Juli
27	Stein 160 m Asteriden.	10 Juli

28	Stein Asteriden, Oph., Polynoi, Terebell. Balanus	10 Juli
29	Stein. Tang. [Syllid Polynoi] Polyn. Asteriden Bryozoen.	10 Juli
30	dasselbe	10 Juli
31	Stein Terebellen Balanus 15	13 Juli
32	" 60	13 Juli
33	" 100	13 Juli
34	" 60	13 Juli
35	" 50	13 Juli
36	Tang. Syllid. Asterid. Bryoz. 10m	14 Juli
37	10 m	14 Juli
38	10 m	14 Juli
39	Sand 5 m	14 Juli
40	Sand 10 m.	14 Juli
41	feiner Stein, Crinoiden 250 m.	14 Juli
42	Stein Terebellen Balanus 200 m.	14 Juli
43	Stein Ophi Echinoder Crinoid. 300 m	16 Juli
44	Stein Crinoiden Oph. Actinien 250 m	16 Juli
45	Stein Anneliden	16 Juli
Scrape 46	Stein Echin. Oph. 400m	17 Juli
47	Stein Actinien 300 m	17 Juli
48	Stein Crinoid. 200 m	17 Juli
49	Mudder. 12 m	19 Juli
50	Stein Tang Chit. Caprell. 10 m	20 Juli
51	Stein Tang Bryoz. Polynoiden 10 m	20 Juli
52	Stein Tang 10 m	20 Juli
53	Stein Tang 15 m	20 Juli
54	Stein Tang 20 m	20 Juli
55	Steine Mudder 30 m	20 Juli
56	Stein Tang 8 m	20 Juli
57	Stein Tang 8 m	20 Juli

58	Stein u Mudder 85 m Peitin. Balanus Ammotrypane. Lamallibr.	21 Juli
59	[Stein u] Mudder 50 m Spongien, Ophiuren	21 Juli
60	Stein Tang 4 m.	21 Juli
61	Stein Tang 3 m	21 Juli
62	Stein u Mudder circa 200 m. Alcyonien Astrogonium	23 Juli
63	Stein u Mudder circa 200 m	23 Juli
64	Mudder Ammotryp 10 m.	24 Juli
65	kl. Stein 20 m Paguriden Cynthien Sertularien	30 Juli
66	kl. Stein 25[0] m.	31 Juli
67	kl. Steine 25 m	31 Juli
68	Mudder Asteriden 160 m	31 Juli
69	Mudder mit Stein 120 m	31 Juli
70	Tang mit Stein 20 m	3 August
71	Tang mit Stein 20 m	3 August
72	Tang mit Stein 20 m	3 August
73	Mudder mit Stein 50-25 m.	3 August
74	Tang mit Stein 20 m	3 August
75	Tang (Anker) 10 m	3 August
76	Tang (Anker) 10 m (Polynoiden, Plumerien, Lucernarien Echinoider, Cruster)	3 August
76-80	Tang Anker 5-15 m	4 August
Scr 81.	Mudder; sehr wenig Inhalt 40 m.	16 August
"82.	Mudder, Asterid. Annel. Lamell. 110 m	16 August
"83.	Mudder. Asterid. Polycrinoid. Lamell. 110 m	16 August
84.	Steine mit Tang. Caprelliden u und. Cruster 15 m	17 August
85.	Tang (Anker) 15 m	17 August
86.	Steine mit Terebellen. Balanus. Asterid. (Solaster) Brachiopoden. 60 m	17 August

87.	Resultatlos, . zu große Tiefe 240 m	17 Aug.
88.	Resultatlos; " 240 m	17 Aug.
89	Steine mit Spongien Terebell. Pycnog. etc. 140 m	25. Aug
90.	[S] reiner Mudder mit Polycrinoid. 240 m	25.
91	Steine mit Ophiuren etc. etc 100 m.	25.
92.	Steine mit Tang 12 m	25 Aug.
"93.	(mit großem 600 m. langem Netz) Tang mit Polynoiden, Nudibranchien etc.	26 Aug.

Dr. Vossler[240] 21 Tuben Amphipoden
Caprelliden
Isopoden
Walfischlinse

[240] Möglicherweise Julius Vossler, Zoologe, 1861–1933.

Register der im Tagebuch gebrauchten norwegischen Wörter

Orthographie des Tagebuchs	Schreibweise in heutigem Norwegisch	Übersetzt in Fußnote oder Liste der häufig gebrauchten norwegischen Wörter
aeggedosis	eggedosis	134
Aeggedosis		
Aften	aften	27
aldeles	aldeles	56
all sammen	all sammen	77
angepiepter	å pipe	66
bedr wind	bedre vind	158
Bedsteman, bester	bestemann	17
beine	bein	19
Besteck, Bestik	bestikk	49
blacks brut	blekksprut	16
(Eis)blink	blink	45
bratvint		136
breit sides	breiside	174
Cageer, Kagens	kake	78
dristen	driste	57
dronningen	dronning	195
dun	dun	Liste
dyr	dyr	193
ebler	eple	34
Edderfugl (dän.)	ærfugl	Liste

S. Bauer (Hrsg.), *Tagebuch Willy Kükenthal*, DOI 10.1007/978-3-662-47498-3

Orthographie des Tagebuchs	Schreibweise in heutigem Norwegisch	Übersetzt in Fußnote oder Liste der häufig gebrauchten norwegischen Wörter
Eisbreie	isbree	203
elv	elv	Liste
Erter	ert	37
Fangsboot	fangstbåt	Liste
Fisk	fisk	28
Fjeld	fjell	Liste
Flesk	flesk	39
Fredag	fredag	38
full	full	204
gaffelseijl	gaffelseil	11
gard	gård	23
Gengespill, Spill	gangspill	72
Geolog	geolog	213
Gluden	kloden	218
goos	gås	Liste
(Rapp)goos	gås	74
Grønsupp.	grønsuppe	33
gröt	grøt	90
Hacke pike	hakke, pigghakke	138
Hagel	hagl	119
Hallpart	halvpart	123
Harfest, Harfesten	havhest	14
Havblik	blikk	229
(Eis)hafs(fahrer) (Eis)hav(sefahrer)	hav	99
Hest	hest	73

Orthographie des Tagebuchs	Schreibweise in heutigem Norwegisch	Übersetzt in Fußnote oder Liste der häufig gebrauchten norwegischen Wörter
Ho Kjaerring, Hokjaerring, Høkjaerring, Hakjaerring	håkjerring	Liste
Hoj Dynning	høy dønning	231, 233
Hul Sø	hul sjø	234
hvidfisk	hvitfisk	Liste
in Nährheit	i nærheten	69
is	is	175
jager	jager	Liste
Jagerbummen	bom	209
Kalver	kalv	127
Kaptein	kaptein	212
Kassen, (Blech)kasse	kasse	87
Kavringer	kavring	139
Kjöd	kjøtt	21
klapmus, Klapmus, Klapmuss, Klapnuss	klappmyss	Liste
Klukken	klokke	59
Koften	kofte	202
Kok, Kock	kok	198
(Far)koppe	kobbe	63
Krieckie	krykkje	141
kringe	kringle	75
kuling	kuling	Liste
lackten	lakke	88
Lensmann	lensmann	100
lethet	lete	109
lidt	litt	102

Orthographie des Tagebuchs	Schreibweise in heutigem Norwegisch	Übersetzt in Fußnote oder Liste der häufig gebrauchten norwegischen Wörter
Listen	list	151
Lørdag	lørdag	40
marflue	marflo	186
Megen Dynning	megen dønning	230, 231
Meget smult	meget smul	230
Mineral.	mineralog	213
Mose	måse	15
Mudder	mudder	Liste
Multerbeeren, Mulde	multe	3
NedKjik	kikke ned	70
neste	neste	227
Nogen Sø	noen sjø	232
Norge	Norge	196
odde	odde	Liste
og	og	214
(stein)onrade	område	156
Onsdag	onsdag	35
orkastnot	not	Liste
Orlogsbrigg	orlogsbrigg	217
Ox, (Ren)ochse	okse	94, 111
Passiar	passiar	135
Penger	penger	22
pent imod	pent imot	226
pent so	pent så	104
Pine (is)	pine	175
potet	potet	Liste
Rifle	rifle	81
rusk	rusk	56
Rype	rype	133

Orthographie des Tagebuchs	Schreibweise in heutigem Norwegisch	Übersetzt in Fußnote oder Liste der häufig gebrauchten norwegischen Wörter
scrape	scrape	Liste
Sgvaerseijl, Quersejl, Querseil	skværseil	12
Sild	sild	41
Simmle	simle	126
skipper	skipper	Liste
smaa koppe, Smaa Koppe	små kobbe	Liste
Smaa(fanger)	små	113
Smult	smul	231
snarte		Liste
Snedkebønner	snittebønne	43
Snespurv	snøspurv	26
Søndag	søndag	44
Sopp	sopp	42
søt	søt	29
Stagbordseijl	stengestagseil	13
stem nen	stemme	100
storkoppe	storkobbe	Liste
Stormose Stormove	stormåse, stormåke	153
storsejl	storseil	Liste
straite	stræde (dän.)	188
Stuerbord	styrbord	103
sur	sur	30
Svag Dynning	svak dønning	231
Svært Hav	svært hav	235
Svært oprørt Hav	svært oprørt hav	235, 236
taps	taps	204

Orthographie des Tagebuchs	Schreibweise in heutigem Norwegisch	Übersetzt in Fußnote oder Liste der häufig gebrauchten norwegischen Wörter
Teiste	teist	155
Thorsdag	thorsdag	36
tilkois	tilkøys	Liste
Tirsdag	tirsdag	31
toddy	toddi	58
up	opp	205
verlisten	forlis	95
Zoetakker	søtsaker	34

Literatur

Boedeker, Hans Erich: »Sehen, hören, sammeln und schreiben.« „Gelehrte Reisen im Kommunikationssystem der Gelehrtenrepublik." In: Paedagogica Historica, Bd. 38, Nr. 2–3, 2002, S. 505–532.

Claus, Carl F.: *Grundzüge der Zoologie zum Gebrauche an Universitäten und höheren Lehranstalten.* Marburg, 1872; 3. Aufl. 1876; 4. Aufl. 1882.

Danielssen, D. C.: „Beretning om en zoologisk Reise foretagen i Sommeren 1858." In: Nyt Magazin for Naturvidenskaberne, Bd. XI, 1861, S. 1–58.

Darwin, Charles: *Die Fahrt mit der Beagle. Tagebuch mit Erforschungen der Naturgeschichte und Geologie der Länder, die auf der Fahrt von HMS Beagle unter dem Kommando von Kapitän Fitz Roy, RN, besucht wurden.* Hamburg, marebuchverlag, 2006.

Darwin, Charles: *Mein Leben.* Frankfurt, Insel, 2008.

Ette, Ottmar: „Eine »Gemütsverfassung moralischer Unruhe« – *Humboldtian Writing:* Alexander von Humboldt und das Schreiben in der Moderne." In: *Alexander von Humboldt – Aufbruch in die Moderne.* Hg. von Ottmar Ette, Ute Hermanns, Berndt M. Scherer, Christian Suckow. Berlin, Akademie Verlag, 2001.

Görbert, Johannes: *Die Vertextung der Welt. Forschungsreisen als Literatur bei Georg Forster, Alexander von Humboldt und Adalbert von Chamisso.* Berlin, de Gruyter, 2014.

Grube, Adolf Eduard: *Ein Ausflug nach Triest und dem Quarnero. Beiträge zur Kenntnis der Thierwelt dieses Gebiets.* Berlin, Nicolai, 1861.

von Humboldt, Alexander: *Reise in die Aequinoktial-Gegenden des Neuen Kontinents.* Bd. 2, hg, von Ottmar Ette. Frankfurt a. M., Insel, 1991.

Jessen, Jens und Reiner Voigt: *Bibliographie der Autobiographien. 3. Selbstzeugnisse, Erinnerungen, Tagebücher und Briefe deutscher Mathematiker, Naturwissenschaftler und Techniker.* München, Saur, 1989.

Koren, J.: „Indberetning til collegium academicum over en paa offentlig Bekostning foretagen zoologisk Reise i Sommeren 1850." In: Nyt Magazin for Naturvidenskaberne, Bd. IX, 1857, S. 89–96.

Kükenthal, Willy: *Über das Nervensystem der Opheliaceen.* Jena, Gustav Fischer, 1887.

Kükenthal, Willy: „Bericht über eine Reise in das nördliche Eismeer und nach Spitzbergen im Jahre 1886." In: Deutsche Geographische Blätter, Bd. 11, Bremen, 1888.

Kükenthal, Willy: *Vergleichend Anatomische und Entwickelungsgeschichtliche Untersuchungen an Walthieren.* Jena, Gustav Fischer, 1889.

Kükenthal, Willy: „Forschungsreise in das europäische Eismeer 1889. Bericht an die Geographische Gesellschaft in Bremen." In: Sonderabdruck aus der von der Geographischen Gesellschaft in Bremen herausgegebenen Zeitschrift „Deutsche Geographische

Blätter", Bremen, Kommissionsverlag G. A. von Halem, 1890. Online: http://tudigit.ulb.tu-darmstadt.de. 2.1.2015

Kükenthal, Willy: „Die marine Tierwelt des arktischen und antarktischen Gebietes in ihren gegenseitigen Beziehungen." Berlin, Mittler, 1907. Veröffentlichungen des Instituts für Meereskunde und des Geographischen Instituts an der Universität Berlin; Institut für Meereskunde, 11.

Kükenthal, Willy (Begr.) und Thilo Krumbach (Hg.): *Handbuch der Zoologie. Eine Naturgeschichte der Stämme des Tierreiches.* Bd. 1: *Protozoa, Porifera, Coelenterata, Mesozoa.* Berlin, de Gruyter, 1923.

Lüdecke, Cornelia: „Historische Wetterstationen auf Spitzbergen, ein Besuch im Sommer 2000." In: Polarforschung 71 (1,2), 2001 (erschienen 2002) S. 49–56. Online: http://epic.awi.de/28499/1/Polarforsch2001_1-2_6.pdf, 22.3.2015.

Martínez, Matías und Michael Scheffel: *Einführung in die Erzähltheorie.* München, C. H. Beck, 8. Aufl. 2009.

Römer, Fritz und Fritz. R. Schaudinn: *Fauna arctica. Eine Zusammenstellung der arktischen Tierformen; mit besonderer Berücksichtigung des Spitzbergen-Gebietes auf Grund der Ergebnisse der Deutschen Expedition in das nördliche Eismeer im Jahre 1898.* Jena, Gustav Fischer, 1900–1906.

Sars, M.: „Beretning om en i Sommeren 1849 foretagen zoologisk Reise i Lofoten og Finmarken." In: Nyt Magasin for Naturvidenskaberne, Bd. VI, 1851, S. 121–211.

Sherborn, Charles Davies (Hg.): *Index Animalium.* London, 1801–1850.

Uschmann, Georg: *Geschichte der Zoologie und der zoologischen Anstalten in Jena 1779 – 1919.* Jena, Fischer, 1959.

Nachschlagewerke

Grimm, Jacob und Wilhelm: *Deutsches Wörterbuch*. Leipzig, S. Hirzel, 1899.

Store norske leksikon: http://snl.no. 22.3.2015

www.placenames.npolar.no. 20.3.2015.

Printed in the United States
By Bookmasters